官邸から見た原発事故の真実

これから始まる真の危機

田坂広志

光文社新書

はじめに

二〇一一年三月一一日に起こった福島第一原子力発電所の事故。

この事故を受け、総理官邸からの協力要請により、三月二九日、私は、原子力工学の専門家として、内閣官房参与に就任しました。

それから始まった、日夜返上で原発事故への対策に取り組む日々。

その中で、苛烈で生々しい事故の現実を知り、手探りで進む行政の実情を知り、私自身、原子力というものに対する見方を、根本から変えざるを得なくなりました。

その理由は、二つです。

一つは、原発事故というものが、これほどまでに深刻な事態を招くという現実を知ったことです。本書のインタビューにおいて詳しく語っていますが、この原発事故が最悪の状況へと進展したとき、「首都圏三千万人の避難」という事態も起こり得たという現実です。

もう一つは、現在の原子力行政が、国民の生命と安全、健康と安心を守るためには、極めて不十分、不適切なものであることを知ったことです。原発事故が起こらないようにするために、そして、万一事故が起こったときそれに対処するために、現在の原子力行政は、不十分、不適切であるだけでなく、緊急事態においては、およそ無力といってよい現実を知りました。

それゆえ、私は、原子力を進めてきた一人の専門家の責任において、また、官邸で事故対策に取り組んだ一人の責任者の義務において、敢えて、こう述べざるを得ないのです。

原子力行政と原子力産業の徹底的な改革を行わないかぎり、この国で原子力を進めていくことには、決して賛成できない。

そして、原子力行政と原子力産業の徹底的な改革を実現しないかぎり、国民からの信頼を取り戻すことは、できない。

そして、その改革によって、国民の信頼を取り戻さないかぎり、原子力の未来は、必ず、終りを迎えることになるだろう。

では、なぜ、そう申し上げるのか。

福島原発事故は、「パンドラの箱」を開けてしまったからです。それも、「数珠つなぎのパンドラの箱」と呼ぶべきものを開けてしまったのです。

これから、この原発事故を契機として、様々な問題が連鎖的に浮上してきます。

そして、それらの諸問題は、原子力が宿命的に抱えている「アキレス腱」である、「放射性廃棄物の問題」に収斂していきます。

本書においては、それらの諸問題を「七つの問題」として語り、政府が答えるべき「国民の七つの疑問」として語りました。そして、なぜ、「未来の問題」として先送りしてきた「放射性廃棄物の問題」が、突如、逃げることのできない「現在の問題」になってしまったのか、そのことを語りました。

申し上げたいことは、ただ一つです。

真の危機は、これから始まる。

福島原発事故は、極めて深刻な事故であり、大きな危機をもたらしました。しかし、本当の危機はこれから始まります。そのことを知って頂きたいと思い、このインタビューをお受けしました。本書は、その内容をまとめたものです。

本書は、多くの国民の方々へのメッセージですが、この日本という国の進路に責任を持つ、政界、財界、官界のリーダーの方々にも、読んで頂きたいと思います。危機から目を背けぬこと、それは、リーダーの責任でもあるからです。

いま、この日本という国は、大きな分かれ道にあります。

この分かれ道における歴史的な選択を過たないためにも、この本が、一つの道標となることを、心より願っています。

二〇一一年一二月一九日

田坂広志

目次

第二部 政府が答えるべき「国民の七つの疑問」…………69

第一部

官邸から見た原発事故の真実

福島原発事故が開いた「パンドラの箱」

田坂さんは、東日本大震災の直後、二〇一一年三月から九月まで、内閣官房参与として官邸に入り、原子力事故への緊急対策に取り組まれましたね。

その五か月、原子力事故の最も緊迫した生々しい状況を官邸から見てこられたわけですが、この五か月の間は、メディアの取材もほとんどお受けになりませんでした。

しかし、内閣官房参与を辞された後、一〇月一四日に、日本記者クラブで「福島原発事故が開けた『パンドラの箱』 野田政権が答えるべき『国民の七つの疑問』」という講演を行い、その後、記者会見も行われましたね。

この日本記者クラブでの講演の動画は、一〇月二一日に公開されると一週間で四万人以上の人々が視聴し、極めて大きな社会的注目を集めたわけですが、そもそも、なぜ、この日本記者クラブでの講演と記者会見を行われたのでしょうか？

たしかに、あの五か月は、総理官邸という中枢、そして東京電力という現場から、時々刻々進展していく事態を見つめながら、対策の手を次々と打っていくという状況でしたから、ご指摘の通り「最も緊迫した生々しい状況」の中にあったと思います。

実際、内閣官房参与に就任してから五月下旬までの二か月は、文字通り、朝から晩まで、週末返上で事故対策に取り組みました。毎日、東京電力に設置された統合対策本部（後に統合対策室に改称）、経産省、原子力安全・保安院、総理官邸において、朝の八時から夜の一一時まで数々の対策会議に参加し、刻々進展していく事故への対策を検討し、実施していきました。

いま振り返れば、落ち着いて食事を取る時間もないほど走り続けた日々でしたが、その状況に身を置くことは、私自身が望んだことでもありました。

三月二七日に、総理から官房参与への就任を打診されたとき、「これは、片手間でやれる仕事ではない」と、即座に判断しました。実際、この原発事故は、過去の歴史にも経験の無い、まさに未曾有《みぞう》の事故であり、もし事故対策に責任を持って取り組むつもりならば、すべての時間を使って取り組まなければならないと考えたのです。

そこで、参与への就任を受諾すると同時に、大学での講義をすべて休講にし、予定されていた講演や著作の執筆計画なども、すべてキャンセルしました。当時、各方面には、大変なご迷惑をおかけしましたが、国難と呼ぶべき事態でしたので、関係者の方々には、温かい応援のメッセージとともに、快諾を頂きました。

本来、参与という立場は、総理からの求めに応じて、適宜、専門的なアドバイスをするという立場ですので、そこまで全面的な時間を割く義務は無いのですが、この原発事故の深刻さと被害の甚大さを考えると、やはり、あの時点では、すべての時間を事故対策に注ぐべきと判断をしました。

なぜ、すべての時間を使って取り組むべき、という判断をされたのですか？

二つの理由があったかと思います。

後ほど詳しく述べたいと思いますが、一つは、私は、実は、「原子力の環境安全研究」で学位を得た人間であり、この原発事故によって起こる事態の深刻さについては、まさにこの分野の専門家の判断として、かなりの危機感を持ったからです。

もう一つは、私自身が、二〇年前まで、「原子力村」において原子力の推進に携わってきた人間だからです。そして、これも後ほど詳しく述べたいと思いますが、原子力の専門家として、私自身、これほどの事故が起こるとは予測していなかったからです。だからこそ、この事故を最悪の事態に拡大することなく、収束させることが、かつて原子力の推進に携わってきた人間としての責任であると思ったからです。

しかし、すべての時間を使って事故対策に取り組むと決めたことから、私は、他の参与の方々とはかなり違った立場で活動をすることになりました。事故現場の状況が刻々入ってくる東京電力の統合対策本部に、朝から晩まで詰め、原子力安全・保安院が主催する会議にも、ほとんど同席した参与は、他にはいなかったかと思います。

そして、こうした立場にあったため、当時、メディアの取材をお受けすることは全くできなかったのです。それは、事故対策に追われているため、取材を受ける時間が無かったということもありますが、それ以上に、極めて重要な情報を知り得る立場にあったため、その一言が、世の中に対して無用の誤解と混乱を与える可能性があったからです。もとより、内閣官房参与としての守秘義務もありましたが、あの当時は、何かを言えば、かなり拡大解釈され、誤解されて報道される可能性があったので、総理官邸への出入りにおいて官邸記者の方々から「何の会合ですか」と聞かれても、「広報室のお手伝いです」と、控えめな答えを続けていました。ですから、官邸記者の方々の中には、当時、私が、官邸の中に部屋を持って仕事をしていることさえ知らなかった方がいるのではないでしょうか。

では、なぜ、参与を辞任された後、一〇月一四日に、日本記者クラブでの講演と記者会見を行われたのですか?

やはり、それも、自分の責任だと考えたからです。

あの原発事故直後の最も深刻な緊迫した状況を体験した人間として、そして、リスク・マネジメントと原子力の安全性に関する専門家として、「この福島原発事故が、これから我々日本人に、いかなる問題を突き付けるのか」を、多くの国民に知っておいて頂きたいと考えたからです。

そもそも、「真のリスク・マネジメント」とは、「起こってしまったリスクを最小限の被害に抑え、迅速に収束させる」ことだけではありません。「今後、起こり得るリスクをすべて予測し、いち早く、そのリスクへの対策を打つ」ことです。

その視点から見るならば、いま、我々は、目の前の「原発事故」と「放射能汚染」のリスクに目を奪われるあまり、その先にやってくる「さらに深刻なリスク」を見つめることを忘れています。それは、「真の危機」と呼ぶべきものです。

だから、日本記者クラブの講演テーマを「福島原発事故が開けた『パンドラの箱』」と題したのです。これは、何かセンセーショナルなことを狙ったわけでもなく、多くの人々の不安を煽《あお》るためでもありません。実際、福島原発事故は、あたかも「パンドラの箱」を開けたかのごとく、これから様々な問題を我々に突き付けてきます。それも、様々な問題が連鎖的に発生してくる「数珠つなぎのパンドラの箱」と呼ぶべきものです。

そして、それらの問題を、いち早く見通して、予《あらかじ》め対策を考え、問題が表面化する前に、先んじて手を打っていくことこそが、現在の政府が行うべき最大の「リスク・マネジメント」だと考えています。

だから、日本記者クラブの講演においては、これから我々が直面する問題を「七つの問題」として語ったわけです。それは、ある意味で、内閣官房参与を辞するに際しての「次の内閣への提言」という意味でもありました。

原発事故、現在の「最大のリスク」は何か

なるほど、田坂さんの日本記者クラブでの講演は、「次の内閣への提言」と言う意味があったのですね。

では、伺いますが、原発事故の後、現在、「最大のリスク」は何でしょうか？

それは、明確です。

「根拠の無い楽観的空気」

それが、最大のリスクです。

実際、現在、政界、財界、官界のリーダーの方々の間に広がっている「根拠の無い楽観的空気」には、いささか懸念を覚えます。端的に言えば、「原発事故は、無事、収束に向かっている。だから他の原発については、安全性を確認したら速やかに再稼働を行おう」という「楽観的空気」です。

こうした空気が広がる背景には、政界、財界、官界のリーダーの方々の「原発事故の問題が長引くと復興や景気にも影響する」「原発の再稼働をしないと、電力供給が深刻な問題になる」といった懸念があるのですが、私自身、かつて原子力を推進してきた立場であり、また、ここ二〇年、経済と経営を語ってきた立場ですので、そうした懸念をされる方々の気持ちは理解できるのです。どなたも、この国の将来を懸念して、そうした考えを語られているのでしょう。

しかし、やはり、この原発事故という未曾有の危機に直面しているとき、この国の針路を定める立場の政界、財界、官界のリーダーの方々には、深く理解しておいて頂きたいことがあるのです。

それは、何でしょうか?

まず、「今回の福島原発事故は、どこまで深刻な事故だったのか」ということです。あの事故直後の極めて深刻な事態を見てきた人間としては、そのことを、改めて申し上げたいと思います。なぜなら、政界、財界、官界のリーダーの方々で、あの事故がどこまで深刻な事態に至っていたかの「現実」を理解している方は、実は、あまり多くないからです。「電源喪失」や「ベント」「水素爆発」「メルトダウン」という言葉によって、「観念」としては、「重大な事態に至っていた」と理解しているのですが、それが、どれほど深刻なものであったかの「実感」を持っている方は、実は、少ないのです。福島第一原発の吉田昌郎所長(当時)が、メディアの取材で、「何度か、死を覚悟した」「もうだめかと思った」と語っても、政界、財界、官界のリーダーの方々は、原子力の専門家ではないため、その事態の深刻さが「実感」として理解できないのかと思います。

そして、最近では、「原子炉の冷温停止状態を達成した」という政府の宣言が行われたため、あたかも、「問題は解決に向かっている」という楽観的な空気が広がっていくのでしょう。

「首都圏三千万人の避難」という最悪シナリオ

では、今回の原発事故は、どこまで深刻な事態に至っていたのでしょうか？

端的に言えば、「最悪の場合には、首都圏三千万人が避難を余儀なくされる可能性があった」ということです。

私が参与として官邸に入った三月二九日の時点では、まだ、原子炉と核燃料を水で安定冷却する有効な方法が無かった状況です。自衛隊がヘリコプターで空から水を投下する映像を、テレビでご覧になった方は多いと思いますが、あの方法では全く注水と冷却ができなかった。また、東京都から急遽《きゅうきょ》呼び寄せた特殊な消防車も、放水口の角度が合わず、原子炉への有効な注水ができなかった。そうした状況において、我々が最も恐れたのは、このまま原子炉と核燃料の冷却ができずに、核燃料のメルトダウンが進むことでした。

そして、もし、そうした事態へと進展した場合に何が起こるかは、いくつかの研究機関がシミュレーション計算を行っていましたので、私自身も、その結果を目にしました。その結果は、極めて深刻なものでした。

もし、このまま、一号機から四号機に存在する核燃料がメルトダウンを起こしていった場合には、大量の放射能が大気中に放出され、もし、それが東京方向に風で運ばれていくと、最悪の場合、首都圏までかなり高い放射能汚染の地域が生じるというものでした。すなわち、三千万人が住む首都圏まで避難区域になる可能性があったわけです。

もとより、これは、あくまでも「四つの原発の冷却機能が回復せず、核燃料の全面的なメルトダウンが進んだ場合」という「最悪の想定」の下でのシミュレーション結果でしたが、現実に、このシミュレーションが行われた時期には、冷却機能は全く回復できておらず、事態は、文字通り予断を許さない状況であったため、このシミュレーション結果は、我々にとって極めて深刻なものでした。

このシミュレーション結果を見た日の夜、私は、官邸の駐車場で夜空を見上げながら、こう思ったことを、確かに覚えています。

「自分は映画を観ているのではないのだな・・・」

地球温暖化に警鐘を鳴らした映画『ザ・デイ・アフター・トゥモロー』に、米国政府が米国の南半分の住民にメキシコへの避難を呼びかける場面がありますが、それは、単なるフィクションの話です。しかし、いま、我々が直面している事態は、決してフィクションではない。その現実の深刻さと重さを、受け止めかねた瞬間でした。

幸い、この後、四つの原子炉では水素爆発も起こらず、そして、東京電力の現場の方々の献身的な努力によって冷却機能が回復したため、いま、こうして冷静に話をできるわけですが、あの三月末から四月初めにかけての時期は、文字通り、「首都圏三千万人の避難」という最悪のシナリオもあり得る、まさに予断を許さない時期だったのです。

三月一五日東京駅の異様な光景

福島原発がそうした極めて深刻な状況にあったということを、アメリカやフランスは分かっていたのでしょうか？

分かっていたと思います。

だから、アメリカは、事故後すぐに福島原発周辺八〇キロ圏のアメリカ人に対して避難勧告を出し、ドイツも、東京在住のドイツ人に東京からの避難を勧告し、大使館の一部を大阪に移しました。フランスに至っては、自国から飛行機を飛ばして日本に救援隊を送り、首都圏のフランス人の帰国を支援しようとしました。

実は、このニュースを聞いたとき、私は、まだ官邸に入る前でしたから、事故の正確な状況を知る立場になかったのです。そのため、このニュースを聞いて、「アメリカやフランスの過剰反応ではないか・・」と思ったのが正直なところです。

しかし、官邸に入って事故の正確な状況を知るにつれ、アメリカやフランスの反応が決して過剰反応などではないことが分かりました。恐らく、アメリカやフランスは、この事故直後、自国の研究機関に命じて、直ちに事故の被害拡大の予測シミュレーションを行ったのではないかと思います。そして、もしこの事故が収束できずに進展し、最悪の事態になった場合、首都圏にまで被害が及ぶことを想定して、自国民に対してこうした避難勧告を出したのでしょう。

この避難勧告の結果、あの時期に首都圏から避難・脱出する外国人の姿が目につきました。例えば、首都圏に福島原発からの放射能プルーム（雲）が飛来したと言われる三月一五日。あの日の夕方の東京駅の光景は、忘れがたい光景でした。私は、所用があって東京駅の新幹線改札口近くを通ったのですが、あちこちに、何組もの外国人の家族連れが新幹線で西に向かうため、列車を待っていました。いずれも、両親は二つのトランクを引き、子供たちはバックパックを背負った姿でした。どの家族も、笑顔もなく深刻な表情をしている。ふと目が合った父親に、敢えて「観光旅行に行くのか」と聞くと、真顔で「ノー」と答える。そこで、声を潜めて「避難か」と聞くと、さらに真顔で「イエス」と答えた。その父親の表情が、いまも心に残っています。そうした外国人家族の姿を目撃した人は多いのではないでしょうか。

アメリカが首都圏避難を勧告しなかった理由

たしかに、そうした情景は目につきましたね。やはり、アメリカやフランスには、そうした事故予測のシミュレーション・システムがあるのでしょうか？

ありますす。いや、むしろ日本よりも優れたシステムがあるのです。

私は、一九八七年から八八年にかけて、アメリカの環境研究の中心的研究機関であるパシフィックノースウェスト国立研究所で働いていたことがあるので、米国の事故シミュレーション能力や環境シミュレーション能力が極めて優れていることは、よく知っています。だから、福島原発事故についても、いくつかの仮定を置いた計算をして、最悪の事態に進展したときは、ここまで被害が拡大するという予測をしたのだと思います。

そして、その結果は、日本での予測と同様、最悪の場合は、首都圏まで避難区域になる可能性があるという結果だったのだと思います。

実は、このことは、すでにアメリカ政府の関係者が明らかにしているのです。アメリカの国務省の日本部長だったケビン・メア氏が、その著書と雑誌インタビューで語っています。あの当時、アメリカ政府内では、避難勧告として、福島原発八〇キロ圏でも不十分ではないかという意見があったとのことです。最も厳しい意見は、「首都圏九万人のアメリカ人全員に避難勧告を出すべきではないのか」という強硬意見だったそうです。

では、なぜ、この強硬意見が採用されなかったのか。

その理由が、日本政府の当事者の我々としては、極めて深刻に考えざるを得ない理由なのです。

どのような理由だったのでしょうか？

メア氏によれば、アメリカ政府がこの強硬意見を採用しなかったのは、「首都圏九万人のアメリカ人に避難勧告を出すと、日本人を含めた首都圏全体がパニックになる」という理由だったからだそうです。

たしかに、突然、首都圏九万人のアメリカ人が東京からの避難をし始めたならば、それは、必ず周囲の日本人にも伝わり、日本人も東京からの避難をしようとして、首都圏が恐ろしいパニックに陥ることになります。それは、場合によっては多くの死者が出るほどの深刻なパニックになるでしょう。

例えば、そのパニックの状況を想像したければ、あの三月一一日の夜の首都圏の道路の状況を思い起こせばよいでしょう。あの道路の状況は、「渋滞」などと形容できるものではありませんでした。むしろ「麻痺」と言うべき状況であり、幹線道路はもとより、裏道や迂回路も、すべて車が溢《あふ》れ、数時間で数キロしか車が動かない状況が現出しました。ただ、あの日の首都圏は、恐怖から避難する人々で溢れるというパニックの状況ではなかったので、あの程度で済みましたが、もし、本当に、首都圏からの数万人規模での脱出パニックが起こったならば、その状況の深刻さは、想像を絶しているでしょう。

そして、だからこそ、我々が直面した「首都圏三千万人の避難の可能性」というものが、極めて深刻に考えざるを得ない最悪のシナリオなのです。

すなわち、仮に、最悪の事態に進展し、「首都圏三千万人の避難」が求められる状況になっても、それは、避難の人々によるパニックを考えるならば、実際には容易に発動できない選択肢なのです。端的に言えば、それは、「進むも地獄、退《ひ》くも地獄」という選択肢なのです。発動しなければ、数千万人の被曝を容認してしまうことになる。発動すれば、首都圏が死者も出るようなパニックに陥る。それは、まさに、「最悪のシナリオ」だったのです。

「幸運」に恵まれた福島原発事故

なるほど、福島原発事故は、その「最悪の事態」を免れたのですね。

そうです。ですから、端的に言えば、「福島原発事故は、幸運に恵まれた」というのが、現実のその危機に対処した人間の実感なのです。もとより、福島原発事故は、不運な出来事でした。しかし、不運な出来事ではあったけれども、幸運なことに、文字通り幸運なことに、さらなる水素爆発も起こらず、大きな余震も津波も起こらず、原子炉建屋や燃料プールのさらなる大規模崩壊も起こらなかったため、この最悪のシナリオへ進まずに済んだのです。この「幸運」の意味については、後ほど詳しく述べたいと思いますが、それが、原子力安全の専門家としての偽らざる実感です。

だから、これからの原子力行政と政策に責任を持つ政界、財界、官界のリーダーの方々には、理解しておいて頂きたいのです。

「今回の福島原発事故は、どこまで深刻な事故だったのか」

そのことを、深く理解しておいて頂きたいのです。

そして、「根拠の無い楽観的空気」は、くれぐれも自戒して頂きたいのです。

「冷温停止状態」の達成は入口に過ぎない

その「根拠の無い楽観的空気」とは、具体的には、どのようなものでしょうか？

例えば、工程表における「冷温停止状態の達成」の問題です。

政府は、事故を起こした原発の冷温停止状態が達成できたということで、周辺住民と国民に安心してもらおうと考えています。原発の事故が収束に向かっているという前向きな情報を積極的に周辺住民や国民に伝え、できるかぎり不安を取り除き、安心してもらおうという意図そのものは、決して間違っていないのですが、そこに政界や財界、官界のリーダーの方々が陥る落し穴があります。

それは、「不都合な現実」を見ないようにしてしまうという落し穴です。

実際、この事故対策に取り組んでいる現場の責任者や、原子力安全の専門家は、誰もが分かっていることですが、「冷温停止状態」とは、今回の事故がこれから我々に突きつけてくる様々な問題の「入口の問題」に過ぎないのです。

言葉を換えれば、「冷温停止状態の達成」とは、「最悪の事態」を免れることができたということに過ぎないのです。「冷温停止状態」が達成できなければ、その原子炉は、核燃料のメルトダウンが進み、水素爆発や水蒸気爆発、さらには再臨界といった最悪の事態が起こる可能性が残り続けるのです。

それにもかかわらず、「冷温停止状態」を達成し、「最悪の事態」を脱しただけで、もう「事故は収束に向かっている」という空気が生まれてくるのは、リスク・マネジメントの原則から見ても、極めて危険なことなのです。

いや、そもそも、これも多くの原子力の専門家が分かっていることですが、現在、政府が語っている「冷温停止状態」とは、世界の専門家の常識的な定義からすれば、本当は、「冷温停止」ではないのです。

本当の「冷温停止」とは、その第一の条件が、「臨界が完全にコントロールされている」ことですが、現在の政府の「冷温停止状態」は、「臨界が、ほぼコントロールされている」という定義になっており、日本独自の条件になっています。そして、それはごく当然のことなのです。

なぜなら、そもそも、本来の「冷温停止」とは、健全な状態の原子炉について語られるべきことであり、福島原発のように、建屋も崩壊し、圧力容器や格納容器が破損している可能性があり、核燃料がメルトダウンを起こし、その形状も状況も分からなくなっている状態の原子炉に適用すべき言葉ではないからです。

それを、敢えて「冷温停止状態」と表現するのは、技術的判断よりも、「周辺住民と国民に安心してもらおう」という政治的判断によるものかと思いますが、原発を推進してきた専門家の中では、技術的に不正確なこの「冷温停止」という言葉を使うべきではないと主張する人は多いのです。なぜなら、この言葉は、特に海外の専門家に伝えたとき、疑問を持たれる言葉になってしまうからです。

ただ、先ほども申し上げたように、政府が、「冷温停止状態」の達成などを宣言することによって、周辺住民と国民に安心してもらおうと考えることそのものは、決して間違っていないと思うのですが、そこに政界や財界、官界のリーダーの方々が陥る、もう一つの落し穴があることにも、気がついておいて頂きたいのです。

「安全」を語ることの自己催眠

それは、どのような落し穴でしょうか？

「自己催眠」に陥ることです。

すなわち、周辺住民や国民に「安全になりました。安心してください」と伝えようとし続けることが、逆に、自分たち自身に、「安全になった。安心して良い」という自己暗示と自己催眠をかけることになってしまうのです。

先ほども申し上げましたが、「冷温停止」とは、単なる「入口の問題」が解決したに過ぎないのであり、「最悪の事態を免れた」に過ぎないのです。

従って、政界、財界、官界のリーダーの方々は、国民に対しては、「解決への希望」を語る楽観的なメッセージを伝えることでも良いのですが、自分自身が「根拠の無い楽観的空気」に染まってはならないのです。むしろ、国民に対して「希望」を語る一方で、リーダーたるもの、この後に直面するさらに困難な諸問題を見つめ、覚悟を定め、政府内部では、強い「警鐘」を鳴らし続けていなければならないのです。

このことは、実は極めて重要なことです。

なぜなら、今回の福島原発事故の遠因となった「原発の絶対安全の神話」は、そうした「自己催眠」の心理から生まれてきたからです。

地元の住民の方々に、原発の立地を認め、建設を受け入れてもらうためには、「原発とは、かなり安全な施設です」では納得が得られなかった。そうした状況の中で、「原発は、絶対に事故を起こさない施設です」という、技術的にはかなり疑問のある説明をしてきたわけです。そして、そうした説明を繰り返すうちに、「原発は絶対安全でなければならない」という責任感が、「原発は絶対安全である」という思い込みになっていったわけです。

この辺りの集団心理・組織心理的問題については、NHKが二〇一一年一一月に放送したNHKスペシャル『シリーズ原発危機　安全神話　当事者が語る事故の深層』で、細やかに、説得力をもって描写しています。

楽観的空気が生み出す「最悪の問題」

なるほど、現時点における原発事故の「最大のリスク」は「根拠の無い楽観的空気」であり、その背景には、そうした集団心理・組織心理的な問題があるのですね。

では、その「根拠の無い楽観的空気」が広がっていったとき、何が起こるのでしょうか？　福島原発以上の最悪の事故が起こるのでしょうか？

もちろん、そうした「最悪の事故」が起こる可能性はあると思いますが、それ以前に起こる「最悪の問題」は、明確です。

何でしょうか？

「信頼」の喪失です。

国民から政府への「信頼」が、決定的に失われること。

それが「最悪の問題」です。

なぜなら、「信頼」が無ければ、すべてが意味を失うからです。

しばしば、原子力の問題を語るとき、「安全」と「安心」が重要だと語られますが、
実は、原子力の問題において最も大切なのは、「信頼」なのです。

例えば、政府が国民に対して、どれほど「安全です」と言い、「安心してください」と言っても、国民の政府に対する「信頼」が無ければ、必ず、「本当は危険なのに、安全だと嘘を言っているのではないか」や「実は危険だが、安心させるために、そう言っているのではないか」といった不信と疑心の社会心理が広がり、政府から国民への「安全です」「安心してください」というメッセージが、全く意味を失うからです。

そして、残念ながら、その「国民からの信頼の喪失」は、現実に起こってしまっています。


その「国民からの信頼の喪失」は、どのような形で起こっているのでしょうか？

そもそも、「絶対安全の神話」が崩壊したこと、それがすべてです。

過去何十年にわたって、政府と電力会社は、地元住民と国民に対して、「原発は絶対に事故を起こしません」と語ってきたわけです。それにもかかわらず、現実に、この事故が起こった。その事実の前には、「千年に一度の想定外の災害だったから」という説明は、全く理由になりません。

なぜなら、これから政府と国会の事故調査委員会が、「なぜ、この規模の自然災害を想定できなかったのか」「いや、想定されていたにもかかわらず、なぜ、適切な対策をしなかったのか」という形で、政府と電力会社の責任を明らかにしていくからです。

そして、国民からの信頼の喪失は、「この事故が起こった」という事実に加えて、「起こった事故への対応」への不信もあります。

例えば、政府に進言する原子力の専門家が「水素爆発は起こらない」との予測をした直後に、その水素爆発が起こったこと、「メルトダウンは、まだ起こっていない」

との推測をしたにもかかわらず、一号機では、かなり早期に全面的なメルトダウンが起こっていたことなど、政府の専門家の予測がしばしば裏目に出ていることも国民の不信を強めています。

さらには、放射能の拡散を予測するシミュレーション・システム「SPEEDI」の予測結果が迅速に活用されなかったこと、事故直後に適切な環境モニタリングデータが収集・活用されなかったことなどは、「こうした過酷事故への準備はしていなかったのか」という不信を増長するものとなっています。

そして、こうした「国民からの不信」に拍車をかけるのが、原発再稼働に向けての「やらせメール」などの組織文化的な問題です。

こうした問題が次々と浮上してくることによって、残念ながら、国民は、もう何を信じて良いのか、誰を信じて良いのか、分からない状態になりつつあります。

それにもかかわらず、「国民からの信頼を失う」ということが、今後、原発事故の収束を進め、事故周辺地域の復興を進め、原子力行政を進めていくために、どれほど致命的な障害となるかを、政界、財界、官界のリーダーの方々は、あまり理解していないように見えます。その一つの理由は、「信頼」というものが、本来「目に見えないもの」であるため、国民からの信頼を失っても、「まだ信頼されている」と思い込むことが容易だからでしょう。

繰り返し申し上げますが、原子力は、ある意味で、この「信頼」がすべてなのです。

一九八六年に起こったチェルノブイリ原発事故の最大の教訓の一つは、「政府が国民からの信頼を失ったときは、最悪の状況になる」ということと言われていますが、まさに、日本は、その教訓に深く学ぶべきでしょう。

「国民からの信頼」を回復できない理由

その「国民からの信頼」の回復は容易ではないように思いますが、どうすれば、政府は、その信頼を回復することができるのでしょうか？

まず、政府が、原子力行政について、国民からの信頼を失ったということを、深く自覚するべきと思います。

その厳しい認識を抜きにして、信頼の回復は無いでしょう。

例えば、現在も全国各地で、微量とはいえ放射能が検出されます。それがメディアで書きたてられるたびに、「住民の神経質な過剰反応だ」「メディアが書きたてるから騒ぎが大きくなる」「反対派の専門家が住民の不安心理を煽るのが問題だ」という視点から理解するかぎり、住民と国民から政府への信頼は回復できないでしょう。

なぜなら、こうした不安心理が広がる背景には、まさに、「政府の言っていることが信じられない」という住民と国民の政府への不信感があるからです。そして、この不信感の根源は、突き詰めれば、「あれほど絶対安全と言っていながら、これほどの大事故を起こした原子力行政は、信じられない」「あの大事故に際して、政府の原子力行政は、国民への情報の伝達と開示を適切にやってくれたのか。国民の生命と健康を守るために、適切な対策を取ってくれたのか」という住民と国民の思いがあるからです。

このことを理解するならば、国民からの信頼を回復するために政府が行うべきことは、極めて明確です。

「身」を正し、「先」を読む

何を行うべきでしょうか？

行うべきことは、二つあります。

一つは、「身を正す」ということ。

すなわち、「原子力行政の徹底的な改革」を行うということです。

これは、多くの国民から見れば「常識」と思われることかと思いますが、しかし、残念ながら、その「国民の常識」が通用しないのが、永田町であり、霞が関であるということも、多くの国民が感じていることです。それは、これまでの行政改革の多くが、単に組織を変えただけで実態は変えず「改革」と称するものであったことを国民は知っているからです。だから、いま、多くの国民は、二〇一二年四月に設立される「原子力安全庁」（仮称）についても、この組織が、どれほど真剣に国民の生命と健康を守る立場で仕事をしてくれるかを、見守っているのです。

では、政府は、いかなる方針で、この原子力行政の改革を行うべきか。

そのことについては、後ほど詳しく述べたいと思います。

もう一つは、「先を読む」ということ。

これは、すなわち、「原発事故対策と原子力政策の長期的な展望」を国民に示すことです。

ただ、それは、単に「工程表」を作るということではありません。

私は、原発事故収束のための「工程表」の作成にも、統合対策本部の立場から関わっていましたので、工程表の作成の背景も理解していますが、これは現場の技術者も含めて、様々な分野の専門家の意見も反映させて作成されているものであり、事故の収束に向けて、どのような対策を、どのような手順、どのようなスケジュールで進めていくかを定めたものです。その意味において、この工程表は、極めて重要な役割を持ったものです。

しかし、残念ながら、敢えて申し上げれば、それはあくまでも「当面の問題」を解決するための工程を示したものであり、「問題の全体像」を対象としたものでもなければ、「究極の問題」を対象としたものでもありません。

「汚染水処理」が生み出す新たな難問

それは、どういう意味でしょうか？　具体例で説明して頂けますか？

「汚染水の処理」が一つの事例です。

ご承知のように、事故を起こした原子炉を冷却するために、大量の水や海水を原子炉建屋に放水し、炉心に注水しました。その結果、放射能で汚染された水が膨大に発生したわけです。そして、当初、この大量の汚染水を貯蔵するスペースが確保できなかったため、人口浮島メガフロートを静岡から至急移送したり、貯水タンクを急遽増設するなどの努力をしたのですが、あの段階では、その努力も限界に達し、極めて苦渋の選択として、比較的低濃度ではありましたが、大量の汚染水を海洋に放流するということを実施せざるを得なくなったわけです。

その意味で、原発事故の現場では、この汚染水には大変に悩まされたわけですが、その後、循環冷却系が設置でき、汚染水から放射能を除去する装置が稼働することによって、この大量の汚染水を浄化できるようになったわけです。

これは、何よりも、高い放射線レベルの悪条件の現場で、循環冷却系を設置し、汚染水浄化装置を稼働させた現場の作業員の方々の献身的な努力の結果であり、その努力には、深く敬意を表したいと思います。そして、この汚染水浄化装置が稼働したことによって、処理後の汚染水の放射能レベルは、基準値を大きく下回るレベルにまで浄化されました。このことは、原発担当の政務官の方が、浄化された汚染水をコップに入れ、その水を飲み干したパフォーマンスがテレビで放映されましたので、それを印象深く覚えている方も多いと思います。私も、この事故対策には、同様の立場で関わった人間でもあり、こうした関係者の方々の、汚染水を浄化する努力、国民の皆さんに安心して頂こうとする努力には、深く共感するとともに、敬服するものです。

しかし、そのことを申し上げたうえで、敢えて述べさせて頂きますが、この汚染水の浄化は、実は、「当面の問題」を解決しただけであり、「問題の全体像」を見つめるならば、「一つの問題を、別の問題に移しただけに過ぎない」のです。

なぜなら、放射能というものは、文字通り「煮ても焼いても無くならない」からです。そのため、汚染水を浄化装置で処理すると、水の放射能濃度は下がりますが、そこで除去された放射能は、浄化装置の「イオン交換樹脂」「スラッジ」「フィルター」などに吸着された状態で残り、結果として、汚染水よりも極めて放射能濃度の高い、「高濃度放射性廃棄物」を大量に発生させてしまうのです。

これが、私が、今回の原発事故が「パンドラの箱」を開けてしまったと称する理由であり、この「パンドラの箱」は、様々な問題が連鎖的に飛び出してくる「数珠つなぎのパンドラの箱」であると形容する理由なのです。

そして、こうして発生する放射性廃棄物の問題こそが、実は、「当面の問題」を解決していくと、いずれ必ず突き当たる「次なる問題」であり、さらに、それらの問題を解決していくと、最後には、「原子力発電」という技術体系が宿命的に背負っている「究極の問題」に直面することになってしまうのです。

原子力発電が背負う「宿命的問題」

その「究極の問題」とは、何でしょうか？

「高レベル放射性廃棄物」の問題です。

それは、まさに田坂さんの研究者の時代の専門テーマですね？　そもそも、田坂さんは、なぜ、放射性廃棄物を研究テーマに選んだのですか？

その理由を話すと、私が「高レベル放射性廃棄物の問題が、原子力発電という技術体系が宿命的に背負っている『究極の問題』である」と申し上げる理由が理解して頂けるかと思います。

私が大学で原子力工学を学んだのは、一九七〇年代初頭であり、まだ、スリーマイル島の原発事故もチェルノブイリの原発事故も無かった時代でした。だから、まだこの時代には、原子力発電というものに対する社会の大きな期待もあり、その期待の中で研究者としての道を歩んだわけです。

少し経歴を申し上げれば、一九七四年に東京大学工学部の原子力工学科を卒業し、一九八一年にその大学院を修了し、工学博士を取得したわけです。ただ、大学院では原子力の環境問題を研究したいと考えていたことから、一九七四年から一九七六年まで、医学部の研究生として放射線医学や放射線健康管理学を学びましたので、少し変わった経歴です。この医学部の時代には、最近、多くの人々が知るようになった「国際放射線防護委員会（ＩＣＲＰ）の勧告」を専門家として深く学びました。

大学院での学位論文のテーマは、「核燃料サイクルの環境安全研究」であり、特に

「放射性廃棄物の最終処分と環境影響」を研究テーマにしたわけです。

ちなみに、当時、私が「放射性廃棄物」を研究テーマにするというと、教授会で「廃棄物（ごみ）などが研究テーマになるのか」という疑問が出されたという時代です。ただ、時代の流れでしょうか、それから何年かすると、「放射性廃棄物」という言葉が入っているだけで政府の科学技術研究費の予算が取りやすくなるという時代を迎えたのですが。

原子力が軽視してきた「アキレス腱」

なるほど。では、なぜ、田坂さんは、そうした教授会での疑問にもかかわらず、敢えて、放射性廃棄物の問題を研究テーマにしたのですか？

放射性廃棄物の問題が、将来、必ず、原子力の「アキレス腱」になるからです。

実は、原子力発電は、当時から、反対派の方々から「トイレ無きマンション」と批判されていました。そして、その批判は、まったく正しい批判でもあったのです。

実際、いくら立派なマンションを作っても、もしそれが、トイレが無いマンションや、廃棄物の捨て場が無いマンションであったならば、そのマンションは、実際には、住めないマンションになってしまいます。

そして、世の中には、最先端のハイテクノロジーの設備が、極めてローテクノロジーの理由で、壁に突き当たることは、しばしば起こるのです。

かつてのアポロ一三号の事故も、原因は、単なるコイルの不良です。スペースシャトルの事故も、直接の原因は、単なる断熱材の剥離です。

その意味で、単なる「ごみ」ではあっても、この放射性廃棄物の問題を解決しないかぎり、どれほど最先端のハイテク技術を使って原子力発電所を作っても、放射性廃棄物の捨て場という、ローテク問題が大きな壁となって、操業できなくなってしまうのです。

すなわち、私は、この原子力発電の「アキレス腱」となる問題を解決したいと考え、放射性廃棄物の問題を研究テーマに選んだのです。

「絶対安全な原発」でも解決しない問題

放射性廃棄物の問題が、原子力の「アキレス腱」になるのですか？

なります。

いま、福島原発事故の後、当然のことながら、「原発の安全性」に注目が集まっています。そして、原子力を推進する人々の間では、「福島原発事故の教訓を踏まえ、原子力発電所の安全性を、どうすればさらに高められるか」という議論がされています。その中では、「福島第一原発の一号機は、極めて古い形式の原子炉だった。最新鋭の原子炉は、福島の一号機と比べるならば、T型フォードとフェラーリほども、性能と安全性に差がある」といった議論をする人々もいます。さらに、専門家の中には、「いかにして原理的に大事故が起きない原発を作るか」という視点から、「トリウムサイクル炉」など、より安全な原子炉システムを開発すべきという意見もあります。

もとより、こうした「安全な原発」を開発する努力は重要ですが、では、「絶対に安全な原発」が開発されれば、原子力の問題は解決するのか。

答えは「ノー」です。

なぜなら、いかに「安全な原発」が開発されても、必ず、放射性廃棄物は発生します。従って、放射性廃棄物の「安全な最終処分方法」が確立されなければ、その原発もまた、「トイレ無きマンション」の状態となり、操業を続けることができなくなってしまうからです。

これは、完璧に鍛え上げた体を持った勇者アキレスが、一点、足の踵の腱が弱点となって命を落とすというギリシア神話そのままに、放射性廃棄物の問題が、原子力の「アキレス腱」となることを意味しているのです。すなわち、いかに最新鋭の技術を駆使して開発・建設された原子力発電所であっても、放射性廃棄物の安全な最終処分方法が確立できなければ、必ず、その操業が停止に追い込まれてしまうのです。

それゆえ、私は、大学院修了後も、この放射性廃棄物の問題を解決したいと考え、民間企業において、放射性廃棄物の最終処分と環境影響評価の様々なプロジェクトに携わったのです。

特に、一九八六年から八七年にかけては、青森県六ヶ所村に建設される「低レベル放射性廃棄物埋設センター」の安全審査のプロジェクトに携わりました。

また、一九八七年から八八年にかけては、米国のパシフィックノースウェスト国立研究所で、当時世界的に注目されていた高レベル放射性廃棄物の最終処分計画、「ユッカマウンテン・プロジェクト」にメンバーとして参画しました。

そして、こうした経験を通じて、放射性廃棄物問題の本質が何であるかを、深く理解するようになったのです。

放射性廃棄物問題の本質は何か

その本質は、何なのですか？

その本質は、究極、「高レベル放射性廃棄物の最終処分」の問題です。

なぜならば、放射性廃棄物の中で、高レベル放射性廃棄物と呼ばれるものが、安全に最終処分することが最も困難な廃棄物だからです。

その理由も明確です。

高レベル放射性廃棄物は、極めて長期にわたって人間環境から隔離し、その安全を確保しなければならないからです。

「極めて長期」というのは、どの程度の期間なのでしょうか？

「十万年以上」です。

高レベル放射性廃棄物は、その中に、プルトニウムやネプツニウム、アメリシウムなどの、極めて長寿命の放射性物質が含まれているため、それらの放射性物質が時間とともに減衰して十分な低レベルになるまでに「十万年以上」かかるのです。

そのため、高レベル放射性廃棄物の最終処分においては、「十万年以上」の安全確保が求められるのです。

この辺りのことについては、二〇一一年に日本でも上映された映画『十万年後の安全』でご覧になった方もいると思います。この映画は、フィンランドにおける高レベル放射性廃棄物最終処分場「オンカロ」において、その処分を実施する担当者に、「十万年後の安全」が保証できるのかをインタビューした記録です。

この映画を観ても、「十万年後の安全」を保証することは、極めて難しいことが容易に理解できます。ちなみに、「オンカロ」とは、フィンランド語で、「隠し場所」のことです。

証明できない「十万年後の安全」

「十万年後の安全」を、技術的に証明できるのでしょうか？

いや、この分野の専門家として端的に申し上げれば、この問題は、究極、「技術」（テクノロジー）の問題ではないのです。この問題は、究極、「社会的受容」（パブリック・アクセプタンス）の問題なのです。分かり易く言えば、「国民がそれを受け入れるか否か」「国民がそれを納得するか否か」という問題なのです。

そして、実は、原子力が直面する数々の問題の中でも、実は、この「パブリック・アクセプタンス」の問題が、最も難しい問題なのです。

一つの例を挙げれば、私がアメリカの国立研究所に在籍した時代に参画した「ユッカマウンテン・プロジェクト」です。これは、ネバダ州のユッカマウンテン周辺の地下深くの地層中に、高レベル放射性廃棄物や使用済み燃料を埋設して処分するというプロジェクトです。このユッカマウンテンという地域は、かつてのネバダ原爆実験場の近くにあり、もともと、原爆実験ができるほど広大な砂漠地帯であり、周辺に住んでいる人もほとんど居ない地域です。また、砂漠地帯であるため、地下水もわずかであり、地下水によって放射性物質が地表に運ばれる可能性も高くないという、技術的に見るならば「地層処分」をするには、極めて好適な場所でもあったのです。

それが、この地域が高レベル放射性廃棄物や使用済み燃料の最終処分場の有力候補地になった理由でもありますが、結局、この地域での処分計画は中止になりました。

その一つの大きな理由が、この「パブリック・アクセプタンス」だったわけです。

日本のように、国土が狭く、人口密度が高く、地下水の流れが速く、地震が多発する国から見れば、羨《うらや》ましいほどの条件に恵まれた場所でも、この高レベル放射性廃棄物の地層処分は、住民と国民の理解が得られなかったのです。

この一つの例を見ても、高レベル放射性廃棄物の最終処分について「パブリック・アクセプタンス」を得ることが、いかに難しいか、理解して頂けると思います。

「技術」を超えた廃棄物の問題

なぜ、高レベル放射性廃棄物の最終処分の問題は、「技術的な問題」ではないのでしょうか？

それは、根本的には二つの理由からです。

第一の理由は、この問題には「未来予測の限界」という問題があるからです。端的に言えば、「十万年後の安全」を科学と技術で実証することはできないからです。もちろん、コンピュータ・シミュレーションだけならば、どのようにでも「予測計算」はできます。実は、かつての私の専門分野では、そうしたシミュレーション計算を行っています。例えば、地下水中での放射性物質の移行を数学モデルで表し、それをコンピュータで計算すると、「十万年後には、地表の河川に漏洩《ろうえい》してくる放射性物質の濃度は、この程度」と予測計算はできるのです。しかし、どれほど精密な数学モデルを作って予測計算をしても、厳しい言い方をすれば、「その計算結果が正しいと、どうやって実証できるのか」という問いには答えようが無いのです。

もし、それが二千年程度の期間の予測であれば、現実に、人類の歴史には、二千年を超えた記録が存在し、二千年以上前の人工物や建築物も存在しているので、何らかの「実証的」な議論はできるのですが、十万年を超える期間の予測となると、最後は、「それを信じるか、信じないか」という世界になってしまうのです。

第二の理由は、この問題は「世代間の倫理」の問題だからです。

すなわち、十万年以上危険性が続く高レベル放射性廃棄物を社会の片隅で長期貯蔵したり、地下深くに埋設して最終処分するという行為は、明らかに「現在の世代」の責任を超え、「未来の世代」に負担とリスクを残すことを意味しています。これは、本質的に「世代間倫理」の問題であり、最後は「現在の世代」である国民の選択と意思決定の問題になってくるのです。その意味において、この問題は、明らかに「技術的問題」の領域を超えているのです。

ちなみに、三月一一日以前には、原子力エネルギーは、地球温暖化問題を解決するための切り札とまで言われていました。そして、この地球温暖化問題は、まさに「世代間倫理」の問題でもあるわけです。しかし、この問題を解決できるかに思われた原子力そのものが、別な形での「世代間倫理」の問題を現在の世代に突き付けていることを、我々は理解しておく必要があるでしょう。

国民の判断を仰ぐための「絶対的条件」

高レベル放射性廃棄物の問題が、究極、国民がそれを受け入れ、納得するか否かであるならば、その国民の判断を仰ぐために、政府には、何が求められるのでしょうか？

高レベル放射性廃棄物の最終処分という、この極めて難しい判断を国民に仰ぐために、政府に求められる一つの「絶対的条件」があります。

それは、「信頼」です。

先ほど申し上げましたが、原子力が直面する諸問題において、最も大切なものは、「国民からの信頼」なのです。それは、原発の安全性について国民から理解を得るときにも不可欠ですが、特に、高レベル放射性廃棄物の最終処分のように、科学と技術でその安全性が証明も実証もできない問題については、最後は、「この政府が、それを安全だと言っているのだから」という国民からの信頼こそが、最後の鍵になってくるわけです。すなわち、高レベル放射性廃棄物の最終処分については、国民に判断と納得を求める政府と原子力行政が国民から「信頼」されていること。それが絶対的な条件になってくるのです。

「原子力反対派」も直面する難問

では、政府は、どうすれば、その「信頼」を獲得することができるのでしょうか？

残念ながら、その質問には、「過去形」でお答えするしかない状況になっています。すなわち、「政府は、どうすれば、その『信頼』を獲得できたのか」という質問にお答えするべきでしょう。

そして、その答えは明確です。

「原発の安全な稼働」によってです。

すなわち、原発を始めとする国内の原子力施設について、極めて安全な形で長期間の稼働を続けるという「実績」。その「実績」を通じて国民の「信頼」を獲得することができたのでしょう。そして、そのことによって、高レベル放射性廃棄物の最終処分の問題も国民の納得が得られる可能性があったのでしょう。

しかし、現実に、我々は、福島原発事故を起こしてしまったのです。

そして、国民に対して語り続けた「絶対安全の神話」は脆《もろ》くも崩壊し、政府と原子力行政に対する国民からの「信頼」も、根本から崩れてしまったのです。

この「国民からの信頼」を回復することが、現在の政府にとって最大の課題であることは、何度か述べましたが、実は、この「信頼回復」ということは、「原発推進派」であっても「原発反対派」であっても、今後、共通に問われる根本的な問題なのです。

なぜなら、仮に明日、「原発反対派」の政権が成立し、原子力からの完全撤退を決め、現在国内にある五四基の原発すべてを停止したとしても、それらの原発を完全に廃炉にするのに、少なくとも三〇年はかかるからです。そして、たとえ「原発反対派」の政権であったとしても、この原発の廃炉と放射性廃棄物の処分の問題は、必ず対処しなければならない課題であり、その課題の遂行のためには、やはりそれを遂行する政府に対する「国民からの信頼」が不可欠なのです。

政府が答えるべき「国民の七つの疑問」

福島原発事故で、政府が「国民からの信頼」を失ったとすれば、たとえ、政府がこれから「脱原発依存」に向かうとしても、様々な原子力の施策を進めていくためには、「国民からの信頼」を回復する必要があるわけですね。

では、その信頼回復のために、政府は、何をするべきでしょうか？

それが先ほど述べた二つのこと、「身を正すこと」と「先を読むこと」です。

すなわち、「原子力行政の徹底的な改革」を行うことと、「原発事故対策と原子力政策の長期的な展望」を国民に対して示すことです。

前者の「原子力行政の改革を行う」ことについては、後ほど改めて述べますが、ここで申し上げたいのは、後者の「長期的な展望を示す」ことの重要性です。

それが、なぜ、重要なのでしょうか？

福島原発事故が、「パンドラの箱」を開けてしまったからです。

そして、これから、その「パンドラの箱」から様々な問題が、数珠つなぎのように、次々と飛び出してくるからです。

従って、政府は、この時点で、福島原発事故がこれから引き起こす諸問題の「全体像」を明らかにし、我々が、これからどのような問題に直面するかの「見通し」を語らなければならないのです。

もし、それを行わなければ、政府の姿勢は国民から見るならば、「問題が表沙汰になったとき、その解決に取り組む」という「当面主義」の姿勢に見えてしまうからです。言葉を換えれば、「もぐら叩き」の姿勢に見えてしまうのです。

そして、そうした姿勢こそが、国民から政府への信頼を大きく損ねてしまうのです。

従って、政府は、福島原発事故の後の日本がこれから直面する深刻かつ困難な諸問題について、いち早く、その全体像を明らかにし、それらの諸問題についての国民の疑問に、率先して答える努力をしなければならないのです。

私の日本記者クラブでの講演は、まさにその観点から、政府が答えるべき「七つの疑問」について語りました。

政府は、その「国民の七つの疑問」に真摯《しんし》に答えることによってのみ、「国民からの信頼」を回復することができるのです。

では、その「国民の七つの疑問」とは、いかなる疑問でしょうか？

そのことを、これから述べていきたいと思います。

第二部

政府が答えるべき「国民の七つの疑問」

第一の疑問　原子力発電所の安全性への疑問

「最高水準の安全性」という言葉の誤解

では、田坂さん、「国民の七つの疑問」の第一の疑問とは何でしょうか？

「原子力発電所の安全性」への疑問です。

福島原発事故の後、「原子力発電所の安全性」については、当然のことながら極めて強い社会的注目が集まっており、専門家もメディアも、様々な形で「原子力発電所の安全性」について論じていますが、政府は、そもそも「原子力発電所の安全性」とは何か、という国民の疑問に答える必要があります。

なぜなら、最近、野田総理も国際的な場において、「原子力の安全性を世界の最高水準にまで高める」と語り、政界、財界、官界のリーダーの方々も、「原子力の安全性を高めて再稼働を」と語るのですが、その意味を、「地震・津波対策を強化する」「電源供給を多重化する」といった「技術的安全性」のことと理解しているからです。
実は、この「世界で最高水準の安全性」という言葉は、私も参与として同行した二〇一一年のG8ドービル・サミットにおいて、日本政府が世界に語った言葉でもありますが、それは、決して「技術的な安全性」だけを意味した言葉ではありません。

「原発の安全性」が、「技術的な安全性」だけでないとすれば、どのような安全性なのでしょうか？

「人的、組織的、制度的、文化的な安全性」を含めた安全性のことです。

それは、どのような安全性のことなのでしょうか？

大学院時代に「過去の原子力施設の事故」について研究したのですが、実は、これまで世界で起こった原子力事故の大半が、「技術的要因」ではなく、「人的、組織的、制度的、文化的要因」によって起こっているのです。

例えば、人類の歴史で最初の原発死亡事故は、アメリカのアイダホ州のアイダホフォールズにあった「SL-1」と呼ばれる軍事用試験炉の事故ですが、これは、人的ミスによって起こった事故です。一説によれば、作業員が自殺を企《くわだ》てて制御棒を意図的に抜いて原子炉を暴走させたとも言われています。

また、日本での事故で言えば、一九九九年に茨城県東海村で起こった「JCOの臨界事故」も、「技術的要因」ではなく、「人的、組織的、制度的、文化的要因」によって起こったものです。

実は、私は、このJCOの事故が起こったとき、東京で会合の最中に、そのニュースを聞いたのです。そして、そのニュースが「東海村の核燃料加工施設で、臨界事故が起こった」という内容であると知った瞬間に、私は同席していたメンバーに、こう言ったことを覚えています。

「このニュースは誤報でしょう。あの施設は、臨界事故が起こることは絶対に無いように設計されていますから」

なぜ、こうした発言をしたかというと、実は、私は、東海村にある同じタイプの施設で働いていたことがあったからです。そのため、核燃料加工施設の設計については専門的知識があり、こうした施設では、作業員が、多少の操作ミスをしても、絶対に臨界事故が起こらないように安全に設計されていることを知っていたからです。

しかし、後に、この事故の詳細を知って驚きました。それは、専門家の常識に反して、実際に臨界事故が起こっていたからであり、しかも、その原因が、施設の設計ミスなどの「技術的要因」ではなく、本来、送液パイプでウラン溶液をタンクに移送するべき工程において、何と、作業員が、ウラン溶液をバケツでタンクに注ぎ込むという、操作マニュアルにも無い、まさに「想定外」の操作をしたからでした。

これは、喩えて言えば、「ガソリンスタンドで煙草を吸っていたら大爆発が起こった」というニュースを聞いて、「そんなことは起こり得ない」と反論したら、実際には、「ガソリンタンクの蓋を開けて、中に火のついた煙草を投げ込んでいた」というような話です。

すなわち、ＪＣＯの事故は、「技術的要因」で起こった事故ではなく、まさに「人的、組織的、制度的、文化的要因」によって起こった事故と言わざるを得ません。なぜなら、事故の原因を究明していくと、「そもそも、作業員に適切な安全教育をしていたのか」「作業員を監督する組織的責任はどうなっていたのか」「こうしたマニュアルにも無い操作をするとき、適切な臨界計算をするという制度や規則は無かったのか」「作業を急ぐあまり、安全性への配慮を軽視する文化が存在していなかったか」など、まさに「人的、組織的、制度的、文化的要因」が問題として浮上してくるからです。

ここで、このエピソードを申し上げたのは、「原発の安全性」というものに関する「落し穴」が象徴されているからです。

私が、「臨界事故は起こり得ない」という判断をした背景には、一人の研究者、技術者として、「原子力の安全性」に関して二つの言葉を学び、それを信じてきたからです。「フェイル・セイフ」(Fail Safe)と「セイフティ・イン・デプス」(Safety in Depth)、という二つの言葉です。「フェイル・セイフ」とは、「人間が操作を失敗しても安全が確保される」という思想、「セイフティ・イン・デプス」とは、「一つの安全装置が作動しなくとも、他に幾重もの安全装置が施されている」という思想です。

すなわち、原子力工学を学ぶ人間は、必ず、この二つの言葉を教えられ、「いかなる人為的なミスやエラーがあっても、決して事故を起こさないように工学的設計を行う」という安全思想を叩き込まれているのです。

この思想そのものは、工学的安全設計に責任を持つべき技術者の矜持《きょうじ》や覚悟としては全く正しいのですが、やはり、そこには危うい落し穴があるのです。

原子力の「安全思想」の落し穴

何でしょうか？

「想定外」という落し穴です。

正確に言えば、「技術的」に、どれほど安全な対策を施していても、「人的、組織的、制度的、文化的」な要因から、技術者が「想定」していなかったことが起こるという落し穴です。

もとより、安全設計において技術者は、「起こり得る全ての事態」を想定しているはずなのですが、先ほどのＪＣＯの事故に象徴されるように、「想定を超えた事態」や「想定もしていなかった事態」が、現実には、しばしば起こるのです。

すなわち、言葉を正確に使うならば、安全設計において技術者が行っているのは、「起こり得る全ての事態を想定している」のではなく、「想定し得る全ての事態を想定している」に過ぎないのです。従って、その技術者、もしくは技術者集団の「想像力」を超えた事態は、「想像」もされなければ、「想定」もされないのです。

そして、この「想定」という行為には、さらに恐ろしい落し穴がある。

何でしょうか？

「確率論」という落し穴です。

例えば、技術者や専門家が、ある極めて危険な事態が起こることを「想像」する。しかし、直後に「いや、そうした事態は、極めて低い確率でしか起こらない」と判断し、その事態を安全設計においては「想定」しないという結論にしてしまうことです。

　そして、その背後には、さらに恐ろしい落し穴がある。

「経済性」という落し穴です。

「そうした事態は、極めて低い確率でしか起こらない」という判断をする、そのプロセスに、「経済性」への配慮が混入するという落し穴です。

　分かり易く申し上げれば、「そうした危険な事態は起こるかもしれないが、起こる確率は極めて低い事態であり、まともに対策をするとかなりコストがかかるから、想定しないでも良い」という判断をしてしまうことです。そして、この判断ならまだよい。最悪の場合には、「そうした危険な事態は起こるかもしれないが、まともに対策をするとかなりコストがかかるから、起こる確率は極めて低い事態であるということを理由にして、想定しないようにしよう」という「経済優先主義」の判断が混入してしまうのです。

そして、このことは極めて重要なことです。

なぜなら、今回の福島原発事故においては、まさに、その事故原因が、「想定外の津波」「想定外の電源喪失」であるという議論がなされているからです。

従って、我々は、この「安全設計」という言葉と、「想定外」という言葉の奥にある「確率論」と「経済性」という発想の落し穴に気がついておく必要があるのです。

おそらく、これから政府と国会の事故調査委員会は、この「想定外」という言葉を巡って、「本当に誰も全く想定できなかったのか」「想定していながら、敢えて安全対策に反映しなかったのか」ということを明らかにしていくでしょう。

実は、津波の高さも、電源喪失も、あの三月一一日以前に明確な指摘があったことは、すでに明らかになっています。「想定できなかった」という想像力の限界であったのか、「想定しない」という不作為の結果であったのか、これから大きな論点になっていくでしょう。

人的、組織的、制度的、文化的要因こそが原因

それが、田坂さんの指摘される「人的、組織的、制度的、文化的要因」ということなのですね？

もちろん、今回の原発事故には、「技術的要因」も多々あったと思います。そして、それらを解明することも、重要な課題です。

ただ、ここで強調しておきたいのは、政界、財界、官界のリーダーの方々が、「原子力の安全性を世界の最高水準にまで高める」という言葉を使うとき、決して誤解してはならないということです。

今回の原発事故の原因は、単なる「技術的要因」だけではない。むしろ、「人的、組織的、制度的、文化的要因」が根本の原因であったことが、事故調査委員会などで明らかになっていくでしょう。

従って、政界、財界、官界のリーダーの方々が、もし本当に「原子力の安全性を世界の最高水準にまで高める」ということをめざすのならば、単なる「技術的な改良や改善」を行うだけでなく、これらの「人的、組織的、制度的、文化的要因」を徹底的に究明し、原子力行政と原子力産業の徹底的な改革をすることを通じて、「世界で最高水準の安全性」を実現していかなければならないのです。

これらのリーダーの方々は、間違っても、「今回の原発事故は、不運にして想定外の事態によって起こってしまった。今後は、想定の範囲を広げ、技術的な安全対策を強化すれば、こうした事故は起こらないだろう」という安易な楽観論に陥ってはならないのです。

SPEEDIと環境モニタリングが遅れた理由

その「人的、組織的、制度的、文化的要因」というものは、「事故の原因」だけでなく、「事故への対策」においても、大きな問題であったように思うのですが?

その通りです。そして、それは極めて重要な指摘です。

なぜなら、「原子力の安全性」というのは、「事故を起こさないための安全性」だけでなく、「事故が起こった後の安全性」をも意味しているからです。

今回の原発事故の一つの重要な教訓は、政府も事業者も、「絶対安全」の神話を信じ込んでいたため、「重大な原発事故は起こらない」と思い込み、「実際に過酷事故が生じたときの対策」が、ほとんど検討・準備されていなかったことです。

従って、政府が、「世界で最高水準の安全性」を標榜《ひょうぼう》するのであれば、「事故が起こった後の安全性」についても、その安全対策について、徹底的な改善と準備を行うべきであり、これは、まさに「人的、組織的、制度的、文化的な要因」そのものなのです。

この「事故が起こった後の安全性」について、象徴的な教訓を二つ申し上げておきたいと思います。

私は、事故が発生した直後、まだ内閣官房参与に就任する前の、三月一三日に、原子力安全の専門家として、政府に二つの緊急提言を届けました。

一つは、「直ちに、SPEEDIを活用して、放射能の拡散予測を行うこと」です。これは、後にマスメディアでもっとに指摘された問題ですが、原発事故が起こったならば、直ちにSPEEDIを活用することは、原子力安全の専門家にとっては「基本常識」であり、「基本動作」だからです。

もう一つは、「直ちに全国から放射線と放射能を測定する機器や設備を総動員し、徹底的な環境モニタリングを実施すること」です。

しかし、その二つは、すぐに実行されなかったですね？

その通りです。

それが、今回の原発事故への緊急対策における大きな問題なのですが、この二つの問題に共通するのは、いずれも「縦割り行政の硬直性」の問題と「行政機構の組織的無責任」の問題なのです。

すなわち、ＳＰＥＥＤＩが迅速に活用されなかったのは、次のようなプロセスであったと言われています。

そもそも、ＳＰＥＥＤＩでの放射能拡散予測そのものは、原子力安全技術センターが、事故直後、すぐに行っていました。しかし、事故を起こした原発四基から放出された放射能については正確なデータが無かったため、仮定の数値を入れて予測計算をせざるを得ませんでした。そして、この計算結果については、直ちに、原子力安全・保安院に報告されています。しかし、報告を受けた保安院と内閣官房の職員は、「放射能放出量」について仮定の数値を使った計算であるならば、その結果としての「放射能濃度」や「放射線量」は信頼性が無く、これを総理に報告することは無用の誤解と混乱を招くとして、報告を見送ったと言われています。

こう述べると、原子力安全技術センターも、保安院も、内閣官房も、職員は、それぞれの立場で「組織の職務」として行うべきことは行っているのですが、このプロセスを聞くと、原子力の専門家でなくとも、当然、一つの疑問を抱きます。

何でしょうか？

「放射能放出量や住民被曝線量が不正確な値しか予測できなくとも、風向、風速のデータは分かっていたのではないか。その風向、風速データを使えば、どの方向にどの程度の速度で放射能プルーム（雲）が流れ、どの地域が危険な地域になるかは分かったのではないか。そして、それを迅速に公表すれば、北西方向にある村などの住民の無用の被曝は避けられたのではないか。なぜ、行政全体として、その判断ができなかったのか」

その疑問です。

これは、現在の行政機構の持つ一つの問題を象徴的に表しています。

「一つの部署、一人の職員としては、責任を全うしている。しかし、行政全体としては、極めて無責任な状態になっている」

その問題です。

そして、こうした「行政機構の組織的無責任」という問題が生じる背景には、「縦割り行政の硬直化」の問題があります。

行政機構の「組織的無責任」

それは、どういう意味でしょうか？

分かり易く言えば、「この仕事は、自分の部署の仕事」「あの仕事は、あの部署の仕事」と縦割り行政を前提に硬直的に考える習慣が染みついているため、二つ以上の部署に関わる「横断的な仕事」が発生した場合、国民の立場に立ち、互いの仕事を調整することも、相手の領域に踏み込んで仕事をすることもできないという問題です。

先ほどのＳＰＥＥＤＩの問題に象徴されるように、国民の生命と健康、安全と安心を守るためには、組織の領分を超えてでも行動するという職業意識と責任感、倫理観が、現在の行政機構には希薄になっていると言わざるを得ないのです。

そして、この「縦割り行政の硬直化」の問題は、事故直後からの環境放射能のモニタリングの問題にも象徴的に表れています。

国民の立場からすれば、環境中に放出された放射能、飲料水や食品に含まれている放射能など、すべての放射能情報を収集、分析、評価することを政府に期待しているのに、「縦割り行政」のため、それが迅速に実行できなかったわけです。

ご承知のように、農地、林野、牧草については農水省、食品や水道については厚労省、環境については文科省と環境省という形で、環境放射能をモニタリングする責任主体が別々になっており、それらを統轄する主体的組織が無かったわけです。そして、こうした環境モニタリングが迅速に、十分に、包括的に行われていなかったことが、住民の不安心理を掻《か》き立て、国民の中での風評被害を広げたことは事実なのです。

実は、そういう観点から、私は、内閣官房参与に就任した後、四月一三日に、菅総理と細野原発担当補佐官（当時）に対して「合同記者会見」を開催することを進言したのです。それまでの記者会見は、東京電力、原子力安全・保安院、原子力安全委員会などが、個別に行っており、そのため、メディアと国民から見ると、「環境中放射能の情報が、錯綜《さくそう》して、何が全体像か分からない」という状況だったからです。

この「合同記者会見」については、菅総理に直ちに実施を決めて頂き、細野補佐官は、四月二五日から記者会見を始められたわけです。そして、この合同記者会見を機に、政府から発表される原発事故情報と環境放射能情報についての混乱が改善していったのかと思います。

これは、もとより、毎日四時間を超えるマラソン記者会見を務め続けた細野補佐官を始め、政府担当者の方々の努力に、そして、その記者会見に出席された多くのマスメディアの方々の努力に敬意を表したいと思いますが、我々は、こうした経験を通じて、「縦割り行政」というものが、原発事故のような未曾有の危機、緊急の事態において、いかに障害になるかを思い知らされたとも言えます。

日本と全く違うアメリカの規制文化

たしかに、「事故が起こった後の安全性」についても、「人的、組織的、制度的、文

化的問題」が極めて重要であることは分かりましたが、やはり「事故を起こさないための安全性」が重要ですね。その観点からの「人的、組織的、制度的、文化的問題」は、どうなのでしょうか？

そうです。それこそが、最も重要な問題です。

そして、今回の福島原発事故で明らかになった従来の原子力行政の「人的、組織的、制度的、文化的問題」の最大のものは、明らかです。

「規制」の独立性の問題です。

すなわち、日本においては、「原子力を推進する側」の経済産業省と「原子力を規制する側」の原子力安全・保安院が「同じ組織」の中にあるという問題があるわけです。さらには、この「推進」と「規制」という本来独立しているべき組織が、一つの組織の中にあるという問題だけでなく、人材的にも、経産省で「推進」をしてきた人間が、保安院で「規制」を担当する、また、保安院で「規制」の仕事をして任期を終えると、その人間が、また「推進」の経産省に戻るという人事も、当然のように行われてきたわけです。

このことは、日本においても、三月一一日以前からつとに指摘されてきた問題であり、また、国際原子力機関（ＩＡＥＡ）など、海外の権威ある機関からも指摘されてきた問題です。すなわち、この問題は、国内外での原子力の専門家を含め、多くの識者が、この不正常な状態を解消する必要がある、この規制組織の状況を改善する必要があると考えてきた問題でもあります。

しかし、残念ながら、その組織的改善をする前に、この原発事故を起こしてしまった。

このことは、原子力を推進する立場からするならば、最悪の問題に直面したことを意味しています。

それは、何でしょうか？

「国民からの不信」という問題です。

すなわち、「推進」と「規制」の部署が「同じ組織」の中にあり、人材的にも「渾然一体」となって「推進」と「規制」を進めてきたということは、国民から一つの疑問と不信を抱かれることを意味しているわけです。

「原発の安全審査において『経済性への配慮』から『安全性への要求』が甘くなったのではないか」

その疑問と不信です。

ただ、こう述べると、原発の安全審査に関わり、原子力を推進してきた方々の中から、「それはあらぬ疑いだ。我々は、そういう不誠実なことはしていない」という反論があるかと思います。

しかし、こうした場面において、我々が思い起こすべきは、中国の故事にある「李《り》下《か》の冠」という言葉です。

この問題は、実際に「経済性への配慮から安全性への要求を甘くしたか否か」という問題ではなく、「そもそも、そうした疑問と不信を抱かれるような組織と人材の在り方」が問題なのです。

実は、この「推進」と「規制」の独立性の問題を考えるとき、思い出す印象的なシーンがあるのです。

それは、私が一九八七年にアメリカの国立研究所で働いていたときのことなのですが、この国立研究所は、エネルギー省傘下の研究所であり、ある意味では、「原子力推進」の立場で仕事をしている研究所でした。

ところが、ある日、「原子力規制」の立場にある「原子力規制委員会」（ＮＲＣ）の高官が、この研究所を訪れ、研究所長と昼食を共にしたのです。それは、研究所内のカフェテリアであり、料理もいわゆる普通のカフェテリアにあるようなものだったのですが、印象深く覚えているのは、そのＮＲＣの高官が、昼食を終えたとき、自分でランチの代金を支払ったことでした。わずか二〇ドル程度の代金だったと思いますが、やはり、米国では、たとえ小額であっても、規制をする立場の人間が、推進をする立場の人間との関係で「贈収賄」と誤解されかねない行為をしないという職業倫理が徹底しているのです。もとより、米国は、様々な形で、法律による罰則や、訴訟によるリスクが待ち受けている国であることも事実なのですが、このNRCの高官の姿勢を見たとき、「日本とは大きく違う文化だな」と思ったことを記憶しています。

おそらく、この日本という国で原子力の安全規制に関わった識者で、このエピソードを聞いて「襟を正す」心境になる人は、決して少なくないのではないでしょうか。

それは、「原子力村」というものの実態を内部から見てきた人間の偽らざる感想です。

ただ、私がここで意図していることは、過去の原子力村の問題を「暴き立てる」ことではありません。原発事故が起こったという厳粛な事実を前に、我々、原子力の推進に関わった人間は、一人ひとり、誰もが、過去を振り返って「襟を正す」必要があるのではないかということです。

それが、将来に向かって我々が示すべき、国民に対する誠実な姿勢ではないでしょうか。

省みるべき「経済優先の思想」

なるほど。原子力の「推進」と「規制」が独立した組織になっていないことが、国民から「経済性への配慮から安全性への要求が甘くなったのではないか」という疑問と不信を招くわけですね？

そうです。

そして、国民から同様の疑問と不信を招く可能性があるのが、残念ながら、現在の財界の一部のリーダーの方々が急がれる「原発再稼働」の問題です。

様々な議論がなされるこの「原発再稼働」の問題ですが、私は、原発の安全性が十分に確認され、国民がその安全性について十分に納得したならば、原発の再稼働はあってもよいと思っています。

また、「原発の再稼働をしないと、電力需給が逼迫《ひっぱく》する」「再稼働をしないと、エネルギー・コストが上がって、経済にも影響が及ぶ」との懸念を語られる財界の方々の気持ちも、よく理解できるのです。

財界のリーダーの方々は、一国の経済に責任を持ち、国民の経済的豊かさに責任を持って活動をしている立場ですから、原発事故が「経済を減速させる」「景気を悪化させる」「雇用を失わせる」「国際競争力を低下させる」といった結果を招くことは決して望ましいことではないと考えられているのでしょう。

私も、経済と経営を語ってきた人間ですので、その考えは理解できるのです。

しかし、今回の原発事故の後、我々原発を推進してきた人間が、そして、この国の経済に責任を持つ人間が、一度、深く問うてみるべき大切な問いがあるのです。

何でしょうか？

その「経済優先の思想」こそが、今回の原発事故を引き起こしたのではないか？

その問いです。

それは、「経済性への配慮から安全性への要求が甘くなったのではないか」という国民からの疑問と同様、我々が、一度、深く問うてみるべき大切な問いなのです。

なぜなら、福島原発の事故の後、財界のリーダーの方々が責任を負っているのは、もはや「国民の経済的豊かさ」だけではないからです。

「国民の生命と健康、そして、安全と安心」

そのかけがえのないものに責任を負っているのです。

そして、それは、「国民の経済や景気、雇用や競争力の問題」とは比較できないほど重いものでもあるのです。

だから、このインタビューの冒頭、日本の政界、財界、官界のリーダーの方々に申し上げたのです。

福島原発事故はどこまで深刻な事態に至っていたのか。

そのことを申し上げたのです。

だから、「早急な再稼働」を求める財界のリーダーの方々には、まず、その現実を知り、問題の深刻さを直視して頂きたいのです。

国民が納得しない「玄海原発の再稼働」

それが、当時の官邸が、玄海原発の再稼働に慎重な姿勢を示した理由なのですね？

玄海原発の再稼働問題については、当初、原子力安全・保安院による「安全確認」と「安全宣言」がなされ、それを受けて、玄海町長と佐賀県知事による「地元受け入れ宣言」がなされました。

しかし、この問題は、実は「再稼働して安全か」という疑問以前に、我々に、この「安全確認」と「安全宣言」という問題、そして、「地元受け入れ宣言」という問題に関連して、国民から二つの疑問が投げかけられているのです。

一つは、「信頼」を失った原子力行政が、従来の組織、従来のルール、従来の方法で「安全確認」をして、果たして国民の納得を得られるのかという問題です。

もちろん、三月一一日に、事故を受けて突然法律が変わったわけではないので、従来の法律とルールに従えば、原子力安全・保安院が「安全確認」をすれば、再稼働はできることにはなっています。しかし、福島原発事故は、従来の「安全確認」の方法で、果たして十分なのかを問うているわけです。もちろん、保安院は、福島原発事故を受けて、「緊急安全対策」の指示を出したわけですが、これも、国民から見れば、非常電源対策など「この安全対策で十分なのか」という疑問が残るものなのです。

さらに、そもそも、「推進」と「規制」の独立性が曖昧《あいまい》な状態になっていることへ疑問を抱かれている現在の保安院が、再稼働の「安全確認」の判断をする主体となるのでよいのかという疑問もあるのです。

玄海原発の再稼働の問題は、そもそも、その第一の問題を投げかけているのです。

もう一つは、福島原発事故の後、原発の再稼働において「了解」を得るべきは、果たして「地元」だけなのかという問題です。

今回の福島原発事故は、原子力災害は、ひとたび起こったとき、その被害が「周辺地域」を超え「極めて広域」に及び、さらには「日本全体」に及ぶ可能性さえあることを示したわけです。

これは、端的に言えば、従来の「地元」という言葉の定義を変える必要性に迫られることを意味しています。そして、このことによって、原発を推進する側にとっては、「地元の了解を得た」「地元が受け入れに賛同してくれた」という言葉が、極めて重いものになってしまうのです。

それは、決して、「これからは、極めて広域の住民の了解を得なければならない」という理由からだけではありません。「これからは、地元への交付金によって、地元の住民の了解を得ることができなくなる」という理由からです。

改めて言うまでもなく、これまで原発の建設や稼働を地元に受け入れてもらうために、その「リスク」の代わりに、地元にかなりの予算が交付されたわけです。しかし、これから「地元」の定義がさらに広域に広がった場合、こうした「直接的な経済的誘導」ができなくなるわけです。

それは、これからの原子力行政と原子力産業が、「経済的誘導」を超えた「社会的受容」の問題に生々しく直面することを意味しています。言葉を換えれば、「直接的な経済的メリットを示すことによる地域住民の説得ではなく、原子力の長期的メリットを示すことによる国民全体の納得が得られるのか」という問題に直面するのです。

「暫定的な解決策」としてのストレステスト

では、田坂さんは、原発再稼働に向けて、何を行うべきと考えますか？

その答えは、「暫定的な解決策」と「本質的な解決策」の二つに分けてお答えしたいと思います。

まず、「暫定的な解決策」という意味では、「ストレステストの実施」と「原子力安全庁の設置」が一つの方策かと思います。

すなわち、先ほど述べた国民からの疑問、「従来のルール、従来の方法でよいのか」

という疑問については、新たに「ストレステスト」という方法を導入することによって、国民の納得を得る努力をするということです。

そして、「従来の組織でよいのか」という疑問については、新たに「原子力安全庁」を設置することによって、国民の納得を得る努力をするということです。

現在、その二つの「暫定的な解決策」によって、再稼働に向けての国民の了解を得られるか、政府としては努力をしているところです。

田坂さんが、この二つの方策を「暫定的な解決策」と称するのは、なぜですか?

「ストレステスト」と「原子力安全庁」のいずれの方策にも、現時点での限界があるからです。従って、仮に、この二つの方策で、当面、国民の了解が得られたとしても、それはあくまでも「暫定的なもの」だと考えています。

なぜなら、本来、原発の再稼働に向けて本当の「安全確認」をするためには、まず、福島原発事故の原因を徹底的に究明し、その結果を踏まえ、時間をかけて「新たな安全基準」を定めなければならないからです。その意味で、「ストレステスト」とは、あくまでも暫定的な方策だと考えています。

また、「原子力安全庁」も、現在の原子力安全・保安院や原子力安全委員会に代わる「新たな規制組織」として二〇一二年春に設置するわけですが、これも、本来ならば、有識者の委員会などを設け、かなり長期間にわたる議論を踏まえて設置されるべきものです。

「原子力安全庁」に問われるもの

原子力安全庁という組織は、極めて短期間に設置することになりますが、大丈夫でしょうか？

原子力安全庁の問題は、組織的に設置するだけならば、法律的な手立てだけの問題ですので、比較的速やかに設置できます。

しかし、言うまでもなく、問題はその中身です。

例えば、アメリカの原子力規制委員会（NRC）は、よく知られているように、本体だけで約四千名の人員を抱えており、単なる書類審査機関ではなく、いざ原子力災害が発生したときには、現地での対策に取り組める実動部隊を持っています。さらに、権限としても、緊急時には、エネルギー省傘下の国立研究所を動員することのできる強力な権限を持っています。エネルギー省傘下の国立研究所は数多くあり、それぞれ千人規模のスタッフを抱えていることを考えるならば、その権限の大きさ、実動部隊の規模において、現在の日本の規制組織とは比較できないほどの組織であることが分かります。

また、アメリカの原子力規制委員会は、先ほど述べたように、何よりも、明確な「規制の文化」を持っています。原子力規制を行う独立した組織としての組織文化を持ち、規制に携わる人材としての職業倫理を持っています。

従って、このアメリカの原子力規制委員会と比較するならば、二〇一二年春に設立される原子力安全庁は、三つのことが問われるでしょう。

第一は、人材の問題です。アメリカの四千名に比肩することは難しいとしても、原子力規制についての専門的知識を持った人材を、どれほどの数、集められるかという問題が問われます。それも、単なる「数合わせ」に終わることなく、人材の質をどこまで高めていけるかが重要であり、これは、人材育成の問題とも関わってきます。

第二は、文化の問題です。当初、数百名規模で発足する組織になるかと思いますが、当面は、専門性と人数の点で、やはり経産省の人材にも依存をしなければならないと思われます。その場合に、規制組織としての独立性をどう確保し、組織文化をどう創っていくかという問題があります。これも、単に「ノーリターン・ルール」を導入するだけでは、十分な解決策にはならないでしょう。

第三が、権限の問題です。アメリカのＮＲＣのように、緊急時において、かなりの実動部隊を動員できる権限が与えられるかが問われます。日本原子力研究開発機構のような組織の力を、緊急時において結集できる権限を与えることが重要でしょう。

「国民の不信」を増長する諸問題

では、この「ストレステスト」と「原子力安全庁」という二つの方策によって、玄海原発を始めとする原発再稼働は、順調に進めていくことができるのでしょうか？

それは、最後はすべて、国民の判断になってくるかと思います。

二〇一一年一〇月の時点では、まだ、再稼働に慎重な姿勢の国民が四〇％近くに上り、「ストレステスト」を導入し、「原子力安全庁」を設置しただけで、多くの国民が再稼働を納得してくれるかは、分かりません。

特に、この問題について大きなマイナスとなっているのが、玄海原発を始めとする原発再稼働に向けて、「国民の不信」を増長するような問題が起こっていることです。

その一つの象徴的な問題が、例の「やらせメール問題」です。この事件は、皮肉なことに、玄海原発の再稼働が延期になった後、発覚したわけですが、もし、直前に再稼働を認めていたとしても、この「やらせメール問題」で、再稼働は、再停止になったのではないでしょうか。この問題は、原子力村に存在してきた「馴《な》れ合いの文化」を象徴する問題でもありました。

また、もう一つの問題は、再稼働に向けての「緊急安全対策」の問題です。

これは、全国の原発から提出された緊急安全対策の報告を見ると、その中に、国民から見て「この程度の対策でよいのか」と疑問を持たれるようなものが幾つも見出されたという問題です。もとより、再稼働を急ぐ電力会社の立場も理解できないことはないのですが、やはり福島原発事故の深刻さを考えるならば、こうした緊急対策は、拙速を避け、十分な対策を練って実施することが不可欠でしょう。

このように、再稼働ができるか否かは、「技術的に安全か否か」という問題を超え、「国民が政府と電力会社を信頼できるか否か」という問題になっていることを理解するべきでしょう。

「地元の了解」から「国民の納得」へ

では、どうすれば、再稼働に向けて、その「信頼」を獲得することができるのでしょうか？

いま申し上げたように、この再稼働の問題は、「地元が受け入れるか否か」の問題ではなく、すでに「国民が納得するか否か」という象徴的な「パブリック・アクセプタンス」の問題になっているのです。

まず、そのことを深く理解すべきでしょう。

そのうえで、政府と電力会社は、「国民感情」を理解すべきでしょう。

それは、特殊なものではなく、ある意味で、極めて常識的なものであると、私は思います。

分かり易い例を挙げるならば、例えば、ある企業に一人のプロジェクト・マネジャーがいたとします。そのマネジャーが、これまで五四のプロジェクトを運営してきた。幸い、これまでは、小さなトラブルは幾つかあったが、大きなトラブルは起こさずにやってきた。ところが、ある日、このマネジャーが運営するプロジェクトの四つが大きなトラブルを起こし、会社が倒産の危機に瀕《ひん》するほどの深刻な問題を引き起こした。

ところが、この状況において、このプロジェクト・マネジャー（政府と電力会社）は上司（国民）に対して、トラブルを起こしたプロジェクトの徹底的な原因究明も終わらない段階で、そして、プロジェクトの運営方法の徹底的な見直しと改善もしない段階で、「あの四つのプロジェクトは、大トラブルになりましたが、他の五〇のプロジェクトは大丈夫ですから、このまま進めさせてください。そして、私に引き続きプロジェクト・マネジャーを任せてください」と言ったとします。

さて、通常の社会常識で考えたとき、この上司は、どう考えるでしょうか。

率直に申し上げるならば、我々、原子力を進めてきた人間は、一度、この社会常識に立ち戻って、問題を見つめなければならないのではないでしょうか。

もし、それをしなければ、かねて世間から言われてきた皮肉の言葉、「永田町と霞が関の常識は、世間の非常識」という言葉が、説得力を持ってしまうのではないでしょうか。

浜岡原発が突き付けた「究極の問題」

玄海原発の再稼働を延期したのと同様の判断が、浜岡原発の停止要請の背景にあったのでしょうか？

もちろん、その背景には、同様の判断がありましたが、この浜岡原発の問題は、安全基準に基づく「技術的判断」や、地元や国民の賛否という「社会的判断」の次元を超え、実は、「リスク・マネジメント」というものの究極の問題を、先鋭的な形で我々に突き付けたのです。

それは、どのような問題ですか？

原発の安全性の議論において、「確率論的安全評価の思想」をどう考えるかという問題です。

言葉を換えれば、「たとえ可能性が極めて低くとも、万一のときの被害が受容できるレベルを超える甚大なリスクをどう考えるか」という問題です。

すなわち、浜岡原発は、かねて指摘されているように、活断層が直下に存在する可能性があり、もし巨大な地震が発生したときには大丈夫かという疑問が出されていたわけです。そして、万一、浜岡原発が福島原発と同様の事故を起こしたときは、その被害は、福島を遥かに超えたものとなります。直近に東海道新幹線と東名高速という日本の大動脈があり、名古屋や静岡も近く、事故の規模によっては、大阪や東京も影響圏に入ってくる。万一のときは、まさに文字通り、日本という国家の機能が停止する可能性のある場所でもあるわけです。

もちろん、そうした事故が起こる確率は極めて低いということで、浜岡原発の建設は容認されてきたわけですが、実際に、福島原発が事故を起こし、それが東日本を中心として甚大な被害を与えたことを考えるならば、この「確率論的安全評価の思想」は果たして適切なのか、考えてみる必要があるわけです。

「確率論的安全評価」の限界

「確率論的安全評価の思想」とは、どのような思想なのでしょうか？

分かり易く言えば、「ある出来事が起こったときの『被害の大きさ』（結果）だけを比較するのではなく、『起こる可能性』（確率）を含めて総合的に評価するという思想」のことです。例えば、Aという出来事が起こったときの「被害の大きさ」が、Bという出来事が起こったときの十倍の被害をもたらすとしても、Aの「起こる可能性」がBの可能性の十分の一ならば、AとBという二つの出来事は、同じ「危険性」（期待リスク）を持つと考える思想のことです。

この「確率論的安全評価の思想」は、数学の「確率論」を学んだ人間ならば、極めて合理的な思想のように思うのですが、そして、私自身、学位論文の中でこの「確率論的安全評価」を論じた専門家なのですが、実は、この思想には、やはり大きな落し穴があるのです。

何でしょうか？

この確率論的手法は、専門用語で言えば、「多数回の試行」をする立場の人間にとって意味があるのであり、「一回限りの試行」をする立場の人間にとっては、あまり意味がないのです。

分かり易い例を申し上げましょう。例えば、保険に入らずに重大な死亡事故を起こした人と、そうした死亡事故の保険を払う保険会社の立場を考えれば理解できると思います。

いま、その死亡事故の損害補償額が、仮に五億円であったとします。その場合、もし保険に入っていなければ、事故を起こした人は、その事故だけで、おそらく「人生を棒に振る」ことになるでしょう。しかし、もし、これが保険会社の立場であるならば、別です。そうした重大な死亡事故が起こる確率が、仮に一万分の一であるならば、一人の保険加入者から五万円を支払ってもらい、一万人以上の加入者がいれば、仮にその事故が起こっても、その保険会社が倒産する可能性はないわけです。

すなわち、こうした「事故の発生確率」を考えた「期待リスク」の考え方は、保険会社のように「数多くの事故」を対象として統計的に対処する立場にとっては、意味があるのですが、「実際の事故」を起こしてしまった人間にとっては、そして、「たった一回の事故」で人生を棒に振る人間にとっては、あまり意味の無い思想なのです。

同様に、今回の福島原発事故のように、たった一回の事故で、極めて広域の放射能汚染を生じ、多くの周辺住民の方々の生活を破壊し、無数の国民に不安を与えるような事故は、そして、その事故の収束と復興に数十年以上の歳月がかかり、膨大な国家予算を投入しなければならないような事故は、簡単に「事故の被害は極めて甚大だが、発生確率は極めて低いから」という確率的論理や統計的論理で軽々に語ってはならないのです。なぜなら、「現実」にその事故が起こったときに、後解釈で、「確率は低かったのだが」と論じても意味がないからです。

福島原発事故の後に語られる「千年に一度の災害」という言葉に潜む怖さは、まさにこの一点にあるわけです。

「千年に一度」という言葉の怖さ

なるほど、たとえ千年に一度の確率であっても、起こってしまったとき、国家全体が危機に瀕するような事故については、「確率が低いから問題ない」という思想は、はたして正しいのかということですね？

そうです。

いや、さらに言えば、この「確率論的安全評価の思想」は、実は、その「確率」の評価そのものにも疑問があるのです。

例えば、私が原子力工学を学び始めた一九七〇年代初頭、原子力の安全評価研究において注目されたものに、MITのノーマン・ラスムッセン教授が提唱した確率論的安全評価手法の「フォールト・ツリー分析」というものがあります。そして、教授は、この手法を使って、原子力発電所の確率論的安全評価を行い、その結果が「ラスムッセン報告」という形で発表され、当時、安全評価研究に取り組んでいた私も含め、世界中の研究者が注目した報告でした。

この「ラスムッセン報告」が述べた研究結果は、当時、原子力発電所の安全性を多くの人々に納得してもらう意味では、分かりやすいものでした。

その結果は、例えば「原子炉一基が一年間に事故を起こす確率は二万分の一」ということを述べています。これは、「世界中に二〇〇基の原発があれば、一〇〇年に一回、そのいずれかで事故が起こる可能性がある」という意味です。また、周辺住民に被害をもたらすような大事故の起こる確率は、原子炉一基・一年間に十億分の一であり、隕石に当たる程度の確率であるとも述べています。

このラスムッセン教授の研究は、その後、理論的にも、手法的にも、数多くの批判を浴びた研究になりましたが、何よりも、その後の歴史を知っている我々にとっては、確率論的安全評価手法の限界を教えられた研究でもあります。

なぜなら、このレポートが出た後、人類は、一九七九年のスリーマイル島事故、一九八六年のチェルノブイリ事故、そして二〇一一年の福島事故と、わずか三二年の間に三回もの深刻な原発事故を経験したからです。

従って、浜岡原発の問題は、単なる安全確認の手順論や安全対策の技術論を超えて、実は、我々に、「万一のとき、極めて重大で深刻な被害を与える可能性のある原発の安全性を、いかなる思想によって論じるか」ということを問うているのであり、これまでの原発の安全評価の思想そのものの、根本的な転換、すなわち「パラダイム転換」を求めているのです。

「確率値の恣意的評価」という落し穴

それは、「確率論的安全評価の思想」には、限界があるということですか？

こうした思想には、確率論、統計論というものの持つ「限界」があることを知るべきです。

そして、こうした確率論的手法には、必ず、もう一つの落し穴があります。

何でしょうか?

「確率値の恣意《しい》的評価」という落し穴です。

すなわち、安全評価の結果を、意図的に「十分に安全である」という結論に導くために、使用する「確率値」を低めに評価するという落し穴です。

その恣意的評価の可能性は、「ラスムッセン報告」においても様々な研究者から指摘されましたが、別な分野でも、悪名高い事例があります。

「リーマン・ショック」です。

これは、よく知られているように、世界全体を金融危機と経済危機に巻き込んだ事件ですが、直接の原因は、「サブプライムローン」と呼ばれるものが破綻《はたん》したことです。

詳しい話は控えますが、このサブプライムローンという金融商品の背景には、「金融工学」と呼ばれる確率論を用いた「リスク最小化の手法」があるのですが、「最先端の金融工学を用いてリスクを最小化した商品」という売り文句の商品が、まさに、その言葉を裏切って、世界全体に最大のリスクを発生させたわけです。

そして、こうしたリスクを発生させた原因の一つが、「ローンが返済不能になる確率」を過小評価したことです。これなどは、「恣意的評価」の典型的なものでしょう。「この金融商品が、いかにリスクの少ない商品であるか」を顧客に説得するために、金融工学と呼ばれる「最先端の数学的手法」が利用されたと言えます。

従って、原発の安全性を論じる立場にある人間は、こうした「確率論的安全評価の思想」の限界と、「確率値の恣意的評価」という落し穴についても、深く理解しておく必要があるのです。

原子力の「最高水準の安全性」を実現するとは

「原子力発電所の安全性への疑問」については、よく分かりましたが、では、「人的、組織的、制度的、文化的問題」も含めて「原子力の最高水準の安全性」を実現するためには、どうすれば良いのでしょうか？

もう一度、申し上げますが、「原子力行政の徹底的な改革」を行うことです。それは、具体的には、現在の原子力行政に存在している、人的問題、組織的問題、制度的問題、文化的問題を、一つひとつ解決していくことと思います。

例えば、今回の原発事故で痛感したことは、行政組織には「危機対応型の人材」が極めて不足しているということです。例えば、緊急時における決断力という高度な能力を持った人材を育成していく必要があります。かつて、アメリカのＮＡＳＡが直面した最大の危機が、「アポロ一三号の事故」でした。この事故において、陣頭指揮を執り、絶望的な状況から三人の宇宙飛行士を無事、帰還させたのは、ジーン・クランツという主任管制官のリーダーシップでもありました。

従って、我が国でも、行政組織にこうした人間を育てていかなければなりません。それは、単に原発事故だけでなく、地震、津波、洪水、さらには、伝染病、テロなど、これから我が国が直面する可能性のある様々な危機を考えると、これは、極めて重要な課題でもあります。

組織的な問題としては、「過酷事故への対応マニュアル」が整備されていなかったことは、深刻な問題です。これを「想定外の事故」という一言で解決することなく、そうした問題を軽視してきた組織の「危機意識の欠如」についても、光を当てるべきでしょう。

さらに制度的な問題としては、現在の行政機構の「縦割り組織」の問題を解決するべきですが、この問題は、原子力行政だけでなく、日本の行政組織全体に共通の問題でもあります。

そして、文化的問題という意味では、かねて指摘されてきた「原子力村」の特殊な文化を根本から改めていく必要があるでしょう。この文化は、原子力産業と原子力行政が融合した形で形成されている文化であり、「推進」と「規制」の渾然一体の問題を始め、この事故を機に、大きな変革が求められているでしょう。

ここで理解するべきは、「原子力行政の徹底的な改革」という言葉は、単に「原子力安全庁の設置」だけを意味しているのではないということです。それは、単なる「改革の入口」であり、「改革の突破口」に過ぎないのです。

「行政改革の突破口」でもある原子力の改革

それは、「原子力行政の改革の入り口」に過ぎないということですか？

そうです。

そして、敢えて申し上げますが、それは、「行政改革の突破口」でもあると思います。

我が国では、永く「行政改革の必要性」が語られてきました。特に、年金記録の喪失といった不祥事に象徴されるように、国民の生命と安全、健康と安心といった最も重要なものに対して、現在の行政機構が、極めて不十分かつ不適切な能力しか発揮できないことも、多くの国民が感じていることです。

こうした時代において、これほどの原発事故災害を防げなかった原子力行政に対して、政府が徹底的かつ全面的な改革を断行できないのであれば、国民の不信感は極めて大きなものになってしまうと思います。

その意味で、この原子力行政の改革ということは、単に「原子力」という分野に留まらない、重要な意味を持っていると思います。

第二の疑問　使用済み燃料の長期保管への疑問

「原発」の安全性とは「原子炉」の安全性のことか

では、田坂さん、「国民の七つの疑問」の第二の疑問とは何でしょうか？


「使用済み燃料の長期保管」への疑問です。

この問題は、これからますます重いテーマになっていくと思います。

なぜなら、今回の原発事故で、我々が改めて理解したことがあるからです。

それは、考えてみれば当然のことでありながら、安全対策の「盲点」とも呼ぶべき状態になっていた問題でもあります。


それは何ですか？

「原子力発電所の安全性」とは、「原子炉の安全性」のことだけではない。

「使用済み燃料プールの安全性」という極めて重要な問題があるということです。

我々は、今回の事故で、このことを痛感させられました。

すでに述べたように、福島原発事故は、もし、あの冷却機能の喪失という状態が続いたならば、最悪の場合には、「首都圏三千万人の避難」という事態にまで発展する可能性を持っていたわけです。そのことは、先ほど詳しく述べました。

では、この冷却機能の長期喪失という最悪の状態が起こった場合、福島原発で「最も危険」であったものは何か。

実は、それは、「原子炉」ではなかったのです。

意外に思われるかもしれませんが、それは、「使用済み燃料プール」だったのです。

具体的には、福島原発四号機の使用済み燃料プールが、最も危険な状態に陥る可能性があったのです。

「剥《む》き出しの炉心」となる燃料プール

それは意外ですね。どうして、原子炉ではなく、使用済み燃料プールの方が危険な状態になるのですか？

使用済み燃料プールとは、状況によっては、「剥き出しの炉心」になってしまうからです。

ご承知のように、あの事故当時、福島原発の一号機、二号機、三号機は、運転中でした。一方、四号機は、たまたま定期検査中であり、原子炉内の核燃料は、すべて、「炉外」の燃料プールに移してあったのです。

この状況で、あの事故が起こった。常識的に考えると、一号機、二号機、三号機という「運転中の原子炉」の方が危険だと思われるでしょうが、実は、運転中の原子炉は、核燃料が「炉内」に入っているのです。そのため、万一、冷却機能の喪失による核燃料のメルトダウンが起こっても、その外側には、圧力容器と格納容器という「閉じ込め機能」が存在しているのです。しかし、四号機のように、核燃料が「炉内」から取り出され、燃料プールに置かれている状態で、冷却機能の喪失と核燃料のメルトダウンが起こった場合には、それは、圧力容器と格納容器に閉じ込められた「炉内」にあるものではないため、何の閉じ込め機能も無い、いわば「剥き出しの炉心」の状態になってしまうのです。従って、メルトダウンの結果、核燃料の被覆管が破損し、核燃料が溶融し、中にあった核分裂生成物が放出された場合、それが最も深刻な環境の放射能汚染を引き起こす可能性があったのです。

あの事故当時、四号機の使用済み燃料プールには、千数百本の使用済み燃料が保管されていましたが、そのうち、数百本は、原子炉から取り出して時間が経っていないものであり、まだかなりの熱を放出する核燃料であったことが、この危険性をさらに深刻なものにしていたのです。

当時、特に我々が恐れていたシナリオは、一号機、二号機、三号機のいずれかで、ふたたび水素爆発が起こることでした。もし、それが起こった場合、福島第一原発のサイト内の放射線量が大きく上昇し、その放射線量があるレベルを超えると、人間が近づけなくなることでした。その場合、「キリン」と呼ばれるクレーンのような放水装置による冷却手段さえも使えなくなり、あのサイトにある原子炉内の核燃料とプール内の核燃料が完全なメルトダウンを起こすことを手をこまねいて見ているしかなくなり、その結果、大量の放射能が環境中に放出される可能性があったのです。

だから、あの段階で新たな水素爆発も起こらず、こうして三つの原発が「冷温停止状態」に向かい、使用済み燃料プールの安定冷却も維持できる状況になっていることは、予断を許さぬ極めて厳しい状況を知っている人間としては、やはり、大いなる「幸運」に恵まれたと思わざるを得ないのです。

福島原発の「現在の潜在リスク」

その危機的な状況にあった福島原発ですが、現在は、十分に安全な状況になっていると考えて良いのでしょうか？

私の専門的な意見としては、メルトダウンした核燃料の再臨界や新たな水素爆発が起こる可能性は、ほとんど無いと思っています。その意味で、福島原発の現場で「冷温停止状態」の達成に向けて献身的な努力をされた方々には、深く感謝を申し上げたいと思います。

しかし、福島原発におけるリスクが、すべて無くなったかといえば、そうではありません。

敢えて申し上げれば、「地震と津波」のリスクが残っています。

もう一度、福島原発に、三月一一日と同規模、もしくはそれ以上の規模の地震と津波が襲来すること、それが、最も恐れるリスクです。

しかし、三月一一日の地震と津波の教訓を踏まえ、福島原発のサイトでは、地震と津波による「電源喪失」や「冷却機能喪失」については、十分な対策をしてあるのではないのですか？

そのバックアップの対策は、適切にしてあると思います。従って、再度「電源喪失」や「冷却機能喪失」が起こるリスクは、あまり高くないと思います。

我々が最も恐れたのは、三月一一日を超える規模の地震が襲来して、四号機の使用済み燃料プールの構造物が崩壊することでした。もし万一、この構造物崩壊が起こった場合には、このプール内にある核燃料がさらに破損し、核燃料の冷却機能が喪失し、水という放射線遮蔽《しゃへい》機能が無くなるため、核燃料からの放射線がかなり高いレベルに上がり、人間が近づけなくなる可能性があったからです。

「過去の常識」が通用しない災害

そのプールの構造物崩壊への対策は、行っていないのですか?

四号機の使用済み燃料プールについては、地震や津波によるプール崩壊のリスクを最小化するために、すでに耐震強化の工事を行っています。現場の方々は、そのために現在できる技術的対策という意味では、最善を尽くしていると思います。

しかし、「では、それで盤石の対策か、絶対に安全か」と問われれば、「絶対に安全です」とは言えないでしょう。

なぜなら、今回の東日本大震災は、地震についての「過去の常識」を決定的に覆してしまったからです。三月一一日以降、ある意味で、日本全体が「地震列島」の様相を呈しており、各地で地震と余震が発生しており、これまで地震の可能性が指摘されてきた地域ならば、どの地域で大規模な地震が起こっても不思議ではなく、また、過去の規模を上回る地震が起こってもおかしくないからです。

しかし、これまでの地震の常識では、ひとたび大きな地震が起こった地域では、地下の応力が解放されるため、近い時期に同じような規模の地震が起こることはないとされていますが？

私も、その「過去の常識」を信じたいのです。とにかく、福島地域での大規模な地震と津波が起こらないことを強く願っています。

福島原発の事故対策に取り組んで以来、東京で大きな地震が来ると、「関東大震災か」と考えるよりも、反射的に「福島は大丈夫か」と考える習慣が身についてしまいました。

では、その最悪の事態が起こったときの対策は、考えていたのでしょうか？

当然、考えていました。

例えば、一号機から三号機のいずれかで、ふたたび水素爆発などが起こり、放射性物質が周辺に飛び散り、サイト内が極めて高放射線の状態になったとき、作業員が原子炉と燃料プールに近づけなくなる。

そうした最悪の状態において、冷却機能を失い、崩壊熱でメルトダウンし、大量の放射能を放出し始めた原子炉や燃料プールを、どうすれば、閉じ込めることができるのか。

当然、我々は、事故対策に当たっていた技術者の知恵を結集し、ありとあらゆる対策を検討しました。

その中で、最も現実的な方式と思われたのが、キリンと呼ばれる放水クレーンを遠隔稼働できるようにしておき、最悪の状態においては、原子炉と燃料プールの上からスラリー溶液などを流し込む方法でしたが、正直に申し上げて、その最悪の状態において、その方法が機能するか否かは、全く分かりませんでした。

だから、我々が心の底から願ったのは、これ以上水素爆発が起こらず、地震や津波も起こらず、原子炉や燃料プールの構造体の崩壊も起こらないことでした。

全国に飛び火する「燃料プール問題」

福島原発事故の最悪の事態において、使用済み燃料プールの安全性が深刻な問題になる可能性があったと言われましたが、では、現在の全国の原発の使用済み燃料プー

ルの安全性は、大丈夫なのでしょうか？

それが、次に問題になることです。福島原発事故によって、全国の原発の安全性が問題になったように、福島原発の使用済み燃料プールの安全性が問題になったことによって、やはり、全国の原発の使用済み燃料プールの安全性が、改めて問題になるでしょう。

しかし、福島の四号機の燃料プールは、原子炉から取り出したばかりの燃料が多く、まだかなり熱を発生する状態であったことが、燃料のメルトダウンを引き起こす可能性となったわけですね。これに対して、全国の他の原発のプールの燃料は、福島第一原発四号機のプールのように、熱いものばかりではありませんね。もっと冷えたものも沢山ありますね。

その通りです。従って、プールによっては、冷却機能を喪失したからといって、すぐに極めて危険なメルトダウンを起こすものばかりではありませんが、実は、今回の福島原発事故が、使用済み燃料プールの「脆弱性《ぜいじゃく》」と「危険性」を明らかにしたことによって、我々が、原発の安全性を考えるとき、これまで余り考えないようにしてきたシナリオを、今後は現実的に考える必要が出てきたのです。

考えたくなかったシナリオ

それは何でしょうか？

「テロ攻撃」です。

このシナリオは、本来、考えたくないシナリオなのですが、福島原発事故の後、たった一つの原発サイトでの事故が、国家全体にどれほど大きく深刻な混乱をもたらすかが誰も目にも明らかになったわけです。

従って、もし、かつての地下鉄サリン事件のように国家機能に打撃を与え、大きな社会的混乱を引き起こしたいと考えるテロ集団やテロリストがいたとき、彼らが、原発を狙ってくることは、容易に想像できるのです。そして、その原発の中でも、原子炉そのものは、強固な圧力容器と格納容器によって防御されていますが、燃料プールは、相対的に防御が弱いため、テロリストの標的になりやすいと考えるべきなのです。

ところが、このテロ対策ということについては、永く平和が続いた日本という国では「何も、そこまで考える必要はないのではないか」という空気があります。しかし、世界の原子力の分野では、昔から「フィジカル・プロテクション」(物理的防御)という言葉があり、原子力発電所や原子力施設を外部攻撃から守るという対策は、ごく当然のものとして実行されているのです。そのことは、福島原発事故の後、欧米諸国の政府が国内の原発のテロ対策を強化したことに象徴されています。

余談ですが、私が働いていたパシフィックノースウェスト国立研究所があるハンフォード・サイトでも、重要な原子力施設の周囲は、必ず鉄条網で囲まれており、出入りに際しては、マシンガンを持ったガードの警備を通り抜けなければならないという厳重な防御がなされていました。

率直に申し上げれば、これまで原子力発電所と原子力施設の「テロ対策」は、あまり真剣に考えられてこなかった課題でもあり、日本の「弱点」であったとも言えます。しかし、福島原発事故は、今後、こうした対策も、真剣に考える必要があることを教えているのです。

燃料プールが直面する「次なる問題」

なるほど、原発サイトの燃料プールの「安全性」の問題は、冷却機能の喪失と燃料メルトダウンの問題だけではないのですね。

では、こうした形で燃料プールの「安全性」の問題が注目されるようになると、次に何が問題となるのでしょうか？

実は、ここにもまた、「数珠つなぎのパンドラの箱」の問題があります。

なぜなら、燃料プールの「安全性」の問題に社会的注目が集まると、燃料プールについて、かねて指摘されてきたもう一つの問題に焦点が当たるようになってしまうからです。

それは何でしょうか？

「プールの貯蔵容量」の問題です。すなわち、全国の原発の使用済み燃料プールが、近い将来、満杯になってしまうという問題です。

二〇一〇年の段階で、全国の原発のプールの平均貯蔵率は、七〇％弱です。福島原発だけを取り上げれば、貯蔵率は八〇％を超えていました。すなわち、全国の原発は、サイト内での使用済み燃料のプール貯蔵は、もう限界に近づいているのです。

この問題は、実は、極めて深刻な問題なのです。

なぜなら、仮に原発が事故を起こさず、安全に、そして安定的に稼働したとしても、もし全国の使用済み燃料プールが満杯になってしまうと、まさに「トイレ無きマンション」の状態となってしまい、全国の原発は停止せざるを得なくなるからです。
すなわち、すでに述べたように、この単なる「使用済み燃料の貯蔵」というローテクノロジーの問題が、「原子力発電システム」というハイテクノロジーの「アキレス腱」となってしまうのです。

行き場の無い「使用済み燃料」

しかし、そうした問題を解決するために、青森県六ヶ所村に再処理工場を建設し、使用済み燃料の再処理をしようとしてきたわけですね？

その通りです。従って、もし青森県六ヶ所村の再処理工場が順調に稼働していれば、この問題は、問題ではなくなるはずだったのです。

はずだった、という意味は？

六ヶ所村の再処理工場は、使用済み燃料の再処理工程そのものは、当初の計画通り進んでいないからです。

もちろん、再処理工場に付随する使用済み燃料プールは、全国の原発から使用済み燃料を搬入し、三千トンまで貯蔵できる容量があるのですが、これも貯蔵率は満杯に近づいています。また、青森県は、この再処理工場を、単なる「使用済み燃料貯蔵施設」にすることに反対しているので、再処理工場が順調に稼働しない状況のもとでは、全国の原発から使用済み燃料を搬入することもできなくなる可能性が高いのです。

そして、その搬入ができなければ、全国の原発は、いずれ稼働を停止せざるを得なくなるのです。

その再処理工場での再処理は、今後、順調に進む可能性はないのでしょうか？

二つの問題が立ちはだかっています。

一つは、技術的問題です。再処理工程そのものが、技術的なトラブル続きで、なかなかうまく稼働していないのが現状です。

もう一つは、社会的受容の問題です。福島原発事故は、「原子力発電所」の安全性への懸念を高めただけでなく、他の「原子力施設」の安全性への懸念も高めています。しかも、施設の中に存在する放射能の総量という意味では、原発よりも、再処理工場の方が圧倒的に多いため、「潜在的危険度」という意味では、国民の不安はさらに高いものになってしまうのです。

従って、この二つの理由で、再処理が順調に進まなければ、先ほど述べた「トイレ無きマンション」の問題に直面し、日本の原発は、すべて停止しなければならなくなってしまうのです。

再処理工場の先に待ち受ける問題

では、この再処理工場が順調に稼働するようになれば、原発の「トイレ無きマンシ

ョン」の問題は解決するのでしょうか？

残念ながら、それだけでは解決しません。

その先に「高レベル放射性廃棄物の最終処分」の問題が立ちはだかっているからです。

仮に、六ヶ所村の再処理工場が順調に稼働し、全国の原発で発生する使用済み燃料を次々と再処理できたとしても、その再処理の結果、膨大に生じる「高レベル放射性廃棄物」を、どこに持っていくのか、どう最終処分するのかが問われるからです。

そして、青森県は、この再処理工場が、「高レベル放射性廃棄物の最終貯蔵施設」になることにも反対していますので、この問題が解決しないかぎり、再処理工場が稼働しても、「トイレ無きマンション」の状態は解決しないのです。

では、その「高レベル放射性廃棄物」は、どのように最終処分するのでしょうか？

そのことは、次の第三の疑問のところで、説明しましょう。

第三の疑問　放射性廃棄物の最終処分への疑問

「煮ても焼いても」減らない放射能

第三の疑問は、「放射性廃棄物の最終処分」への疑問ですね？

なぜ、この問題が、今後、大きな問題になっていくのでしょうか？

この問題もまた、典型的な「数珠つなぎのパンドラの箱」となってきます。すなわち、一つの問題が、より深刻な次の問題を引き出していくからです。そのことは、先ほど「汚染水の処理」のところで申し上げました。

「汚染水の処理」が、「一つの問題を、別な問題に移したに過ぎない」ということですね？

そうです。事故の当初は、とにかく原子炉内と燃料プール内の核燃料を冷却することが全てに優先する課題でしたので、膨大な汚染水が発生することを覚悟のうえで、原子炉とプールに水を注いだわけですが、その結果、大量の汚染水が発生したのです。しかし、これらの汚染水も、循環冷却系が設置され、汚染水浄化装置が稼働するようになった結果、浄化した後の水は、許容濃度よりも十分に低い放射能レベルとなったわけです。

しかし、これもすでに申し上げたように、放射性物質というものは、「煮ても焼いても減らない」ものであるため、汚染水を浄化処理すると、汚染水中にあった放射能がイオン交換樹脂やスラッジ、フィルターなどに捕捉され、その結果、大量の「高濃度放射性廃棄物」が発生することになります。

その「高濃度放射性廃棄物」は、今後、どうするのですか？

現在のところ、福島原発サイト内に保管してありますが、最終的には、浅い地中に埋設する「地中処分」か、深い地層中に埋設する「地層処分」によって最終処分することになるでしょう。

それは、容易に実現できるのでしょうか？

「地中処分」も「地層処分」も、技術的には、ある程度、方法が確立されていますが、それを実現するためには、大きな問題が二つあります。

一つは、「安全審査」の問題です。

私は、現在、青森県六ヶ所村で稼働している低レベル放射性廃棄物の最終処分施設の安全審査に携わった経験があるので、率直に申し上げますが、あの低レベル放射性廃棄物ですら、それを地中処分するのに、かなりの年月をかけて様々な実験を行い、安全評価のデータを取り、相当の安全確認計算を行って安全審査に対応したわけです。

しかし、この六ヶ所村で埋設した低レベル放射性廃棄物は、例えば、管理区域の中に入るときに使った作業着や手袋を焼却した灰など、軽微な放射能汚染レベルのものが大半なのです。そうした低レベルの廃棄物さえ、地中処分をするのに、膨大な安全審査の作業を行わなければならなかったのです。

これに対して、いま問題になっている高濃度放射性廃棄物は、かなり放射能レベルが高い廃棄物であり、六ケ所村のような地中処分を行うことは、安全審査上も、決して容易ではないでしょう。

「処分場選定」が必ず突き当たる社会心理

もう一つの問題は、何ですか？

実は、こちらの方が、より難しい問題なのですが、もう一つは、「処分場選定」の問題です。

端的に申し上げれば、「放射性廃棄物の処分場を受け入れてくれる地域が見つからない」という問題です。そして、この問題は、一つの言葉とともに、昔から世界全体の原子力施設が、宿命的に背負っている問題でもあるのです。

何でしょうか？

「ＮＩＭＢＹ」です。

すなわち、これは、「Not in My Backyard」、「私の裏庭には捨てないでくれ」という社会心理を表現したものですが、放射性廃棄物の処分場を探すということは、究極、この問題にどう処するかという問題に他ならないのです。

そして、この処分場の立地の問題は、原発の立地と違い、処分場という施設が、何かの生産を行う施設ではないため、地元に経済的メリットが生じにくいという問題があります。原発の立地においては、地元への交付金や地元の産業・雇用などの形で「経済的メリット」を地域に提供するということができますが、廃棄物処分施設は、そうした方法で地元を説得することが難しいのです。

そして、この「ＮＩＭＢＹ症候群」（Not in My Backyard Syndrome）という社会心理的問題に悩まされ続けてきたのが、世界の原子力開発であり、放射性廃棄物の問題なのです。

従って、現在、福島原発において汚染水処理に伴って膨大に発生している高濃度放射性廃棄物の最終処分場は、容易には見つからないでしょう。

「中間貯蔵」というモラトリアム

では、どうするのでしょうか？

当面は、「中間貯蔵」ということで問題を先送りするしかない状況です。すなわち、住民の方々に対して、「最終処分場が見つかるまで、暫定的にここに貯蔵させてください。ただし、ここは、決して最終処分場にはしませんので」ということで「中間貯蔵施設」の受け入れを納得してもらうという方法です。

しかし、この場合にも、「最終処分」についての明確な計画を示さないと、「中間貯蔵と称してこの地域に放射性廃棄物を持ち込み、結局、最終処分場にするつもりではないか」という不信と疑心が芽生え、地元の方々との関係が悪くなる可能性もあります。

実際、政府は、福島県民の方々に対して「放射性廃棄物は福島には捨てません」と約束してしまっています。では、他のどの地域が、将来、最終処分場を受け入れるのか。県外に最終処分場が見つからなければ、結局、福島に放射性廃棄物を置き続けるということになり、これは、将来、深刻な問題に発展する可能性を孕《はら》んでいるのです。

ちなみに、この放射性廃棄物の最終処分については、それに反対する側も、推進する側も、問題の難しさの故でしょうか、言葉の使い方が巧みになっていく傾向があります。

NIMBYからNOPEへ

どのような言葉でしょうか？

例えば、放射性廃棄物の処分を進める側がしばしば使う言葉で、その意味が分かりにくい言葉があります。

「最終貯蔵」という言葉です。

これは、いったい「最終処分」なのか「中間貯蔵」なのか、よく分からない言葉ですが、敢えて専門家的に申し上げれば、放射性廃棄物の「再取出し」や「回収」が可能なものを「最終貯蔵」という言葉で称することが多いわけです。そして、この新たな概念は、今後、放射性廃棄物の問題を考えるとき、一つの鍵となる言葉でもあるのです。

また、放射性廃棄物の処分に反対する側が使い始めた言葉で、「ＮＩＭＢＹ」に似た究極の言葉があります。

「ＮＯＰＥ」という言葉です。

すなわち、「Not on the Planet Earth」、「この地球上には捨てないでくれ」という大胆な言葉です。しかし、この言葉も、高レベル放射性廃棄物の最終処分法を検討していると、究極の選択肢として、一つの鍵を握ると思われる言葉でもあるのです。

なぜなら、過去何十年にわたり、世界中で高レベル放射性廃棄物の最終処分の方法が研究されてきましたが、その中で、高レベル放射性廃棄物を宇宙空間に廃棄する「宇宙処分」や、特殊な原子炉で燃やして消滅させる「消滅処分」などの方法が考えられてきたからです。しかし、残念ながら、「宇宙処分」は、打ち上げ時の爆発・飛散などのリスクがあり、また、「消滅処分」は、かえって厄介な放射性核種を増やしてしまうという問題点が指摘されています。

日本で広がるＮＩＭＢＹ心理

では、このＮＩＭＢＹ心理は、日本ではどうなっていくのでしょうか？

残念ながら、福島原発事故が、日本においても、このＮＩＭＢＹ心理を極めて悪化させてしまいました。その結果、現実には、環境への影響がそれほど大きくない低レベルの放射性廃棄物でも、それが周辺環境に埋設処分されることに不安を感じ、健康被害を懸念する社会心理が極めて強くなりました。

言葉を換えれば、放射性廃棄物の最終処分の問題が、「科学的安全性の問題」を超え、「心理的安心感の問題」になってしまったのです。

それは、ある意味では当然のことでしょう。

原発事故以前に、一般の人々が環境中の放射能を問題にするのは、広島と長崎の原爆での残留放射能や、海外での原爆・水爆実験の結果、フォールアウト（放射性降下物）として日本に降ってくる放射能ぐらいしかなかったからです。

しかし、原発事故の後、毎日のように、生活環境中の放射能が報道され、飲料や食品中の放射能が問題にされていますから、「放射能の怖さ」というものについて、日々、実感をしているわけです。

原発事故以前であれば、「近くに放射性廃棄物処分場を作りますが、絶対に環境中に放射能が漏れないように安全対策を万全にします」と言われれば、「そうか、それならば受け入れることも考えよう」と反応した人々も、原発事故以降は、「絶対に漏れないよう、安全対策を万全にする」という言葉そのものを信頼しなくなっており、さらに、「環境中に放射能が漏れたら大変な騒ぎになる」ということを、実感として日々感じているため、処分場の安全性を納得し、その施設の受け入れをしてもらうことが社会心理的に極めて難しくなってしまったのです。

では、その結果、何が起こるのでしょうか？

放射能レベルが低い「低レベル放射性廃棄物」でも、最終処分をする場所が見つからないという問題に、直面することになります。

先ほどの話は、比較的放射能の高い「高濃度放射性廃棄物」の処分が難しいという話でしたが、これから日本社会に広がっていくＮＩＭＢＹ現象は、たとえ「低レベル放射性廃棄物」でも受け入れを拒否する社会心理を強めていくでしょう。

例えば、福島での除染作業によって発生する汚染土壌は、東京ドーム二三杯分とも言われています。これらの土壌の汚染レベルは、それほど高くないのですが、それでも、この汚染土壌を受け入れてくれる地域を見つけ出すことは、極めて難しいでしょう。

そのため、いま、政府は、当面三年間は「仮置き場」を見つけて保管し、三年以内に福島県内に「中間貯蔵施設」を建設し、三〇年をめどに福島県外に「最終処分施設」を作ると言っているのですが、これもまた、ある意味で、「中間貯蔵」という名の「モラトリアム政策」、端的に言えば「問題先送り政策」に陥ってしまう可能性が高いのです。

突如「現在の問題」になった高レベル廃棄物

なるほど、これから「高濃度放射性廃棄物」の問題や「低レベル放射性廃棄物」の問題に直面することはよく分かりましたが、では、その次には、どのような問題に直面することになるのでしょうか？

先ほど述べた「高レベル放射性廃棄物」の最終処分の問題に直面します。

しかし、その分野の専門家であった立場から正直に申し上げますが、私は、この問題が、これほど早い時期に、大きな問題として突き付けられることになるとは思っていませんでした。

なぜなら、従来の政府の計画によれば、「高レベル放射性廃棄物」の最終処分の問題は、まず、近い将来、再処理工場が順調に稼働し、使用済み燃料が再処理され、ガラス固化体という形で高レベル放射性廃棄物が生じ、それを三〇年から五〇年、長期貯蔵した後に、いよいよ「地層処分」を行うという計画だったからです。

いわば、この高レベル放射性廃棄物の最終処分の問題は、政府の計画にとっては、「将来の問題」だったのです。

しかし、今回の原発事故によって、高レベル放射性廃棄物の問題は、「将来の問題」から「現在の問題」になってしまいました。

なぜですか？

目の前に、突然、「高レベル放射性廃棄物」が現れたからです。

それは、何でしょうか？

「福島原発」そのものです。

すなわち、炉心溶融（メルトダウン）を起こした原子炉そのものが「高レベル放射性廃棄物」だからです。それも、最も扱いにくい高レベル放射性廃棄物です。

なぜなら、通常の再処理工場で発生する「高レベル放射性廃棄物」は、再処理工程で核燃料として有用なウランやプルトニウムの多くを回収した後、後に残る、極めて高放射能の「核分裂生成物」と、プルトニウム、ネプツニウム、アメリシウム、キュリウムなどの「超ウラン元素」が混在したものであり、これらを均質のガラスで固化したものだからです。

これに対して、事故を起こした福島原発の三つの原子炉の中にあるのは、大量のウランやプルトニウムなどの核燃料と、膨大な核分裂生成物が、原形を留《とど》めないほどに溶融した、極めて扱いにくい放射性廃棄物です。

この極めて特殊な形と性質をもった「高レベル放射性廃棄物」が、三月一一日の原発事故によって突然、我々の目の前に出現したのです。

これは、「将来の問題」ではなく、目の前の問題、「現在の問題」なのです。

「廃炉」という概念を超えた福島原発

しかし、これらの事故を起こした原発は、これから計画的に「廃炉」にしていくのではないでしょうか？

その通りです。

しかし、福島原発の「廃炉」を議論するとき、我々が一つ深く理解しておくべきことがあります。

何でしょうか？

メルトダウンの事故を起こした原発の「廃炉」とは、健全に運転されていた原発の「廃炉」とは、全く性質の違うものだということです。むしろ、専門的な観点から言えば、同じ「廃炉」という言葉で呼ぶことをためらうほど、性質の違うものです。

どう違うのでしょうか？

例えば、核燃料をロウソクに喩えてみると分かりやすいでしょう。通常の健全な原子炉は、炉内に、このロウソクが何本も立っているわけです。ただし、このロウソクは、人間が近づくと数時間後に死亡するほど高い放射線を発しているロウソクです。

それでも、通常の健全な原子炉の場合には、このロウソクをマジックハンドのようなもので、遠くから一つひとつ取り出し、キャスクと呼ばれる容器に収納していけばよいわけです。それを行った後は、ある程度の放射能汚染はありますが、圧力容器や格納容器、さらには、原子炉建屋の解体は、それなりに進める方法はあります。

しかし、メルトダウンの事故を起こした原発の場合は、この極めて高放射能のロウソクが、完全に溶けて床と一緒になってしまっているのです。すなわち、核燃料が圧力容器の底部と融合してしまっている状況なのです。

これは、マジックハンドで一本一本ロウソクを取り出すというような作業とは全く違う、誰も経験したことの無い、いや、想像することさえ難しい、極めて困難な作業なのです。

そして、いま、健全な原発の「廃炉」は、それなりに進める方法はあると言いましたが、過去の経験では、健全な原発でも、廃炉が最終的に完了するまでには、やはり三〇年程度はかかるのです。また、福島原発に比べると軽微な事故でしたが、やはり部分的なメルトダウンを起こしたスリーマイル島原発の場合でも、燃料を取り出すだけで、一一年かかっているのです。

これに対して、メルトダウン事故を起こした福島原発の場合は、そもそも、過去に全く前例も経験も無い事故であることから、その「廃炉」を実現するためには、「炉内の状況を確認する技術」「溶融燃料を回収する技術」「回収廃棄物を処理する技術」など、様々な技術をゼロから研究開発しなければならず、その難しさを考えるならば、健全な原子炉の三〇年を遥かに超える歳月を要すると考えるべきなのです。

前例と経験が皆無の「福島廃炉計画」

しかし、政府の発表によれば、福島原発の「廃炉」は、三〇年から四〇年程度で行うという考えのようですが？

政府が、福島原発の状況について国民に安心してもらうために、そして、帰宅を待ち望んでいる福島の避難住民の方々のために、意欲的な計画を発表する気持ちは分かるのですが、三〇年から四〇年という期間は、専門家から見ると、やはりかなり楽観的な計画に見えます。

もとより、この「廃炉」については、日本における原子力関連研究機関の総力を結集できる体制を組む必要がありますが、それでも、技術的な難しさについては、よく理解をしておくべきと思うのです。

なぜなら、もし、この「福島原発廃炉計画」が、予定の四〇年を遥かに超える計画になっていく場合には、政府の原子力計画について、つとに指摘されてきた、あの批判が、またも「的を射た批判」になってしまうからです。

それは何ですか？

「ミラージュ計画」（蜃気楼計画）との批判です。

それは、どのような批判ですか？

それについては、次の「第四の疑問」のところで話しましょう。

第四の疑問　核燃料サイクルの実現性への疑問

「蜃気楼計画」と揶揄される核燃料サイクル

国民からの第四の疑問とは、何ですか？

「核燃料サイクルの実現性」への疑問です。

従来の政府の計画は、日本において「核燃料サイクル」を完結させるというものでした。そして、その要となるのが、使用済み燃料から有用なウランとプルトニウムを回収する再処理工場であり、また、ウランを燃やしてプルトニウムという核燃料を増殖させる高速増殖炉でした。

しかし、ご承知のように、六ケ所村の再処理工場は、トラブル続きで、全く計画通りに進んでいません。また、高速増殖炉「もんじゅ」に至っては、やはり深刻なトラブル続きで稼働のめどが立たず、現在の計画でさえ、実用炉として稼働するのが四〇年後の二〇五〇年という状況になっています。

こうした状況が、原子力に批判的な人々から「ミラージュ計画」と揶揄《やゆ》される原因になっています。

すなわち、「ミラージュ」とは「蜃気楼」のこと。あたかも砂漠に現れるオアシスの蜃気楼のごとく、喉の渇いた人間には極めて魅力的に見えるのですが、その場所に近づいてみると、また彼方に遠ざかってしまう。そうした蜃気楼という現象そのままに、日本の原子力開発の計画は、常に、この「ミラージュ計画」の状況になってしまっています。

それは、実は、再処理工場や高速増殖炉の計画だけではありません。

例えば、夢の原子力エネルギーと謳《うた》われた「核融合計画」も、私が学生であった一九七〇年代初頭においては、「八〇年代には実証炉を完成する」という謳い文句でした。しかし、ご承知のように、二一世紀に入っても実証炉の手前までも到達しておらず、現在の計画でも、実用炉は、今世紀の後半になる予定です。

極めて高度な研究開発が求められる核融合計画はさておくとしても、再処理工場と高速増殖炉という核燃料サイクル計画が、軒並み、当初の計画から大幅に遅れていることは、国民からの信頼という意味では、大きな問題となっています。

「信頼」を失う「透明性の欠如」

しかし、こうした極めて高度な技術的挑戦をする巨大プロジェクトが、計画通りに進まないことは、しばしば起こるのではないでしょうか？

たしかに、極めて高度な技術的課題に挑戦するプロジェクトが、当初の計画から大幅に遅れることそのものは、それが本当に必要であれば、世論も受け入れることはあると思うのです。

実は、それが本質的な問題ではないのです。問題は、「透明性」の問題です。

すなわち、こうした開発計画において、これまで十分な「情報公開」がなされておらず、国民から見た「透明性」が確保されていなかったことが問題なのです。

なぜなら、「情報公開」や「透明性」の問題は、その計画にいざ深刻な問題が生じたとき、政府に対する国民の「信頼」を左右してしまうからです。

端的に言えば、三月一一日の原発事故以前の「原子力に比較的寛容な世論」の時代には、核燃料サイクル計画が遅れても「原発も安全に稼働しているし、核燃料サイクル施設も、いずれ計画が進展し、順調に稼働し始めるだろう」という形で、国民から理解される可能性もありました。

しかし、原発事故以降、「原子力に極めて厳しい世論」の時代を迎え、いまでは多くの国民が、「原発は事故を起こしたが、核燃料サイクル施設は大丈夫か」「核燃料サイクル施設の方が原発よりも危険なのではないか」「そもそも核燃料サイクルは実現可能な技術体系なのか」といった疑問を持ち始めているわけです。

従って、福島原発事故以降、政府は、これらの国民の疑問に誠実に答える必要が生じているのです。

「二つの問題」を分けるべき高速増殖炉計画

それが、高速増殖炉「もんじゅ」の計画を中止するべきだとの国民の世論ともなっているのですね？

そうです。従って、高速増殖炉「もんじゅ」は、政策仕分けなどでも厳しい議論と批判の対象になったわけですが、実は、高速増殖炉計画を論じるとき、二つの問題を明確に分けて議論するべきと思います。

一つは、「技術的な問題」についての議論です。

これは「高速増殖炉計画は、技術的な視点から見て実現可能なのか」という議論ですが、もともと、高速増殖炉というものが、技術的に見れば、材料工学的に見ても、炉工学的に見ても、かなり高度な技術的挑戦であることは、専門家の誰もが知っていることです。

その意味で、その技術的挑戦が、いまどのような壁に突き当たり、どの程度それを克服する目処《めど》がついているのかを、様々な分野の専門家の意見と議論も踏まえ、広く国民に説明をしていくべきでしょう。

しかし、むしろ、本質的に問題なのは、もう一つの「行政的な問題」についての議論です。

これは、「高速増殖炉計画は、行政的に適切な組織形態、予算配分、プロジェクト管理のもとに行われているのか」という議論ですが、実は、この問題こそが、国民から疑問を持たれ、その信頼を失う原因となっています。

それは、政策仕分けでも問題にされたことですが、「こうした国家プロジェクトに国民の税金を使って膨大な予算を割り振っているのは、技術的必然性からではなく、省庁の外郭団体を潤し、天下りを始めとする利権的な構造を維持するためではないか」との疑問です。

こうした疑問を持たれることは、関係者の方々は「それは事実ではない」と不本意に思われるかもしれませんが、問題は、「そうした疑問を持たれてしまう不透明さ」

なのです。従って、こうした国民からの疑問と不信に答えるためにも、政府は、核燃料サイクル計画については、「国民への徹底的な情報公開」と「プロジェクト運営体制の改革」を行っていくべきでしょう。そのことを抜きに、「技術的な問題」だけを議論することは、意味がありません。

ただ、こうして「国民への徹底的な情報公開」と「プロジェクト運営体制の改革」を行い、仮に、高速増殖炉計画について国民の理解を得ることができ、再処理工場が順調に稼働を始めたとしても、核燃料サイクル計画は、壁に突き当たるのです。

なぜでしょうか？

繰り返しになりますが、高レベル放射性廃棄物の最終処分の問題があるからです。

すでに申し上げたように、仮に、再処理工場と高速増殖炉が稼働したとしても、高レベル放射性廃棄物の最終処分の方策が見つからない場合には、核燃料サイクルは、例の「トイレ無きマンション」の状況に陥り、大きな壁に突き当たってしまいます。

福島原発事故によって消えた地層処分の可能性

その高レベル放射性廃棄物の最終処分についても、我が国では、計画が進められているのではないですか？

そうです。その最終処分の方法として、世界的には、地下深くの地層中に埋設処分する「地層処分」という方法が有望視されています。

そして、日本においても、この地層処分については、何十年も前から計画が進められています。

しかし、アメリカと日本の地層処分計画に携わった専門家として申し上げれば、この日本という国において地層処分を実現することは、この国が、狭い国土であり、人口密度も高く、地震や火山が多い国であることを考えるならば、極めて難しい課題であると考えています。

特に、「国内」に処分地を選定することは、福島原発事故の影響を考えるならば、現状では、ほとんど不可能な状況ではないでしょうか。

しかし、「国内」は無理としても、「海外」の協力も得ながら、国際的な枠組みで高レベル放射性廃棄物の地層処分を実現するということは、あり得る選択肢でした。

その意味で、一つの可能性として存在したのが、モンゴル政府とアメリカ政府との間で検討されてきた「包括的核燃料供給サービス」（ＣＦＳ）と呼ばれる、モンゴルでの高レベル放射性廃棄物の地層処分計画です。

もちろん、この国際的な地層処分の方式は、「有害廃棄物を他国に持ち込まない」というバーゼル条約の精神からみて、国際社会からの厳しい批判を受ける可能性がありますが、仮に、国際社会の合意が形成できるならば、一つの解決策となる可能性はありました。

しかし、これも、三月一一日の原発事故によって、状況が大きく変わりました。

この事故を受けて、モンゴル政府は、この国際的な計画を進めることについて、自国内の世論の反対を考慮し、その計画の存在そのものを否定してきたからです。

この例に象徴されるように、福島原発事故は、核燃料サイクルを実現するという従来の国家戦略に対して、高レベル放射性廃棄物の地層処分という「アキレス腱」にも、大きな打撃を与えたのです。

第五の疑問　環境中放射能の長期的影響への疑問

「直ちに影響はない」という言葉の社会心理

では、国民からの第五の疑問とは、何ですか？

「環境中放射能の長期的影響」への疑問です。

すなわち、今回の原発事故によって放出された放射能は、原発の周辺環境を始め、日本各地の環境中に広がってしまいました。その結果、土壌、河川、湖沼、地下水、海洋、そして、動植物などの生態系を始めとする広範な環境汚染を引き起こしているわけですが、これらの環境中の放射能が長期的にどのような健康被害をもたらすか、多くの国民が疑問を抱いています。

原発事故当初、枝野官房長官（当時）が記者会見で、「直ちに、健康に影響はない」という発言を繰り返したのを思い出しますが、「直ちに」ではなくとも、「長期的に」どのような影響があるかということですね？

あの枝野官房長官の発言は、あの緊急の状況において、国民のパニックを避けるためには、やむを得なかったかと思います。それが、後で色々と批判されるのは、不本意でしょう。

ただ、人間心理や社会心理の視点から考えると、こうした場面での国民へのメッセージの発し方は、極めて難しいのです。

なぜなら、人間というものは、「直ちに影響はない」と言われると、必ずといってよいほど「では、長期的には影響があるのか」という疑問が心に浮かぶからです。

それが、人間心理の機微であり、「Aは大丈夫」と言われると、反射的に「では、A以外は、大丈夫ではないのか」と頭に浮かんでしまうのです。

そして、実は、この辺りに、リスク・コミュニケーションというものの難しさがあるのです。

しかし、そうした心理的問題は別として、原発事故や環境影響を研究してきた専門家であるならば誰でも、あの瞬間には、「この事故で環境中に放出された放射能が、長期的に、どのような健康被害をもたらすか」ということが真先に頭に浮かんだはずです。

なぜなら、こうした原発事故において、「直ちに」健康に影響が生じる人がいるとすれば、それは、事故を起こした原発のサイト内で決死の覚悟で事故対策に取り組む作業員の方々であって、周辺環境に住む住民にとっては、「直ちに」健康被害が生じることは、まず無いからです。

実際、チェルノブイリ原発事故では、作業員に三三名の死者が出ました。また、JCO事故でも、作業員二人が死亡しました。

しかし、原発事故では、サイト内で働く作業員ではなく、サイトの周辺環境に住む人々が「直ちに」健康被害を生じることがないことは、専門家ならば分かっていることです。むしろ、専門家ならば、必ず「周辺住民への短期的影響はまず無い、だからすぐに長期的影響への対策を」と考える場面でした。

従って、あの瞬間に官邸に問われていたのは、「直ちに健康に影響はない」と語って、周辺住民と国民をパニックに陥らないようにしながらも、同時に、「長期的には健康に何らかの影響が生じる可能性がある」という観点から、その影響を最小限にするための対策を打ち続けることでした。

もちろん、その対策の最たるものは、周辺住民を「緊急避難」もしくは「屋内退避」させることです。

それによって、風によって運ばれる放射能のプルーム（雲）からの外部被曝と内部被曝を極力最小にすること、また、例えば、ヨウ素剤を周辺住民に配布し飲ませることによって、放射性ヨウ素の吸入を最小限にすることなどです。

そして、その点では、未曾有の事故であり、未経験の事故であったとはいえ、官邸を支える立場にあった行政当局は、反省をするべきことが多々あると思います。

例えば、チェルノブイリ原発事故は、旧ソビエト連邦で起こった事故であり、その当時の行政当局の事故への対応のまずさは、多くの人々の批判の対象ともなりましたが、住民の緊急避難という点では、比較的素早い行動を取りました。

すなわち、当時のソ連政府は、隣接するプリピャチ市の住民四万五千人を避難させるために、バス千三百台を緊急動員し、住民を三六時間で避難させたわけです。

日本では、未曾有で未経験の災害であったため、対策マニュアルも整備されておらず、組織的訓練も出来ていなかったという問題もありますが、この緊急避難については、原子力災害において周辺住民を強制避難させる強権を発動できる法律的根拠がないという問題もあったのです。そういう意味で、今後は、原発事故の際の有事法制についても再検討しなければならないでしょう。

いずれにしても、こうした原発事故において、政府の責任は、第一に、周辺住民の緊急時被曝を最小にすることであり、第二に、放射能汚染した環境による住民の長期的被曝と健康被害を最小にすることなのです。

「除染」で放射能は無くならない

まさしく、その後者の意味で、現在、政府としては、放射能汚染されてしまった環境を「除染」しているわけですね？　果たしてこの除染作業は、効果があるのでしょうか？

いま、政府と自治体の方々が鋭意進めている「除染作業」については、まず、その努力に深く敬意を表したいと思います。しかし、この「除染」ということについては、我々が理解しておくべきことが、三つあります。

第一は、「除染とは放射能が無くなることではない」ということです。

すでに何度も述べてきたように「放射能は煮ても焼いても無くならない」ため、一つの場所から除いても、別なところに現れるのです。そのため、一つの問題を解決しても、別な問題となって現れるのです。

例えば、除染作業を進めていくと、作業において除去した膨大な汚染土が発生し、それが問題となります。

また、汚染した枯葉を集めても、その焼却ができないため、捨て場がないという問題に直面します。

さらに、除染に使った水も、それを下水に流すと、下水処理のプロセスで放射能が汚泥に濃縮・蓄積され、結果として、流した水よりも放射能濃度が高い廃棄物が出てくる結果となります。

これは、ある種の「ジレンマ」とも言えます。

すなわち、放射能汚染を低下させようとして行った除染作業が、結果として、基準値を超える高濃度の放射性廃棄物を生んでしまうというジレンマです。

その理由は、社会というシステムの中には、焼却、圧縮、沈殿、濾過《ろか》、吸着などによって放射能濃度が高まり、結果として「基準値を超えた放射性廃棄物を作ってしまう」というプロセスが存在しているからです。

そして、これもまた、「数珠つなぎのパンドラの箱」から飛び出してくる新たな問題なのです。

すべての環境は「除染」できない

では、「除染」についての第二の問題は、何でしょうか？

第二は、「すべての環境を除染できるわけではない」ということです。

もとより、学校の校庭や幼児の遊び場、通学路などの除染作業を進めることには重要な意味があります。

しかし、こうした除染作業によって「生活圏」の除染をすることは可能ですが、「生態系」の除染をすることは、技術的にもコスト的にも不可能です。それは、生活環境周辺の森や林の除染ということを考えてみれば容易に理解できることです。

そして、「生態系」の除染ができないかぎり、生態系の中で移行し、蓄積される放射能が、必ず問題となります。さらに、生態系においては、土壌濃縮、生物濃縮、食物連鎖濃縮などの濃縮プロセスがあることも理解しておくべきでしょう。

そして、この生態系の汚染がさらに深刻な問題になるのは、生態系の汚染を通じて「食糧」となるものが汚染した場合です。

かつて、チェルノブイリ原発から千キロ以上離れたスウェーデンでも、広域の森林地帯が汚染されたため、トナカイの肉が食べられなくなったという事実があります。

「除染」は効果が分からない

では、「除染」についての第三の問題は、何でしょうか？

第三は、「除染の効果があったかどうかは、分からない」ということです。

もちろん、除染の前と後で、放射線量（シーベルト）を測定したり、放射能量（ベクレル）を測定したりすることによって、除染の「効果」を知ることはできます。しかし、その「除染」をしたことによって、周辺住民の「長期的健康被害」が実際に低減したか否かは、実は、分からないのです。

それは、なぜですか？

統計の「誤差の範囲」に隠れてしまうからです。

分かり易く説明しましょう。

ここで問題となる周辺住民の「長期的健康被害」とは、一人ひとりの「個人」として見れば、放射線を浴びた結果、数十年のオーダーで発癌の確率が高くなることです。これを「集団」として見れば、数十年のオーダーで、住民の中で発癌する人の数が増えることです。

現在、国際放射線防護委員会（ＩＣＲＰ）などが仮定している放射線の発癌リスクの考えに基づけば、累積線量１００ミリシーベルトで、癌による死亡確率が０・５％高まると仮定されています。従って、例えば、そこに住む住民が生涯で２００ミリシーベルトを浴びる可能性のある環境を、除染によって放射能レベルを下げ、生涯１０ミリシーベルト以下の被曝線量になるようにしたとすると、その「効果」は、周辺住民の癌による死亡確率が0・5%ほど低く抑えられることになります。

しかし、実際には、将来、その地域住民の発癌死亡率を統計的に調べたとしても、三人に一人が癌で死亡する時代において、すなわち数十%の発癌死亡率が予想される時代において、0・5%というのは、その統計的誤差の範囲に入ってしまうため、「放射線被曝のために発癌したか否か」や、「除染をしたから発癌を抑えられたか否か」ということは、明確には分からない可能性が高いのです。

「除染」を行う本当の理由

なるほど、では、なぜ「除染」を行うのですか？

二つの理由があります。

一つは、それがリスク・マネジメントの原則だからです。

リスク・マネジメントには、「三つの原則」があります。

第一の原則は、リスク・マネジメントにおいては、「最も厳しい仮定に立つ」ということ。すなわち、統計的に確認できるか否かにかかわらず、例えば「０・５％発癌死亡率が上昇する」という前提に立って、それを回避するための最善の行動を取るということです。

第二の原則は、「最悪を考えて万全の対策を取る」ということ。その「最も厳しい仮定」に立って、かなりのコストが発生しても、必要な対策を取るということです。これは、除染についていえば、あくまでもＩＣＲＰや国内法の基準を守るために、かなりのコストがかかっても、必要な除染を行うということです。

第三の原則は、「空振りの損失コストは覚悟する」ということ。すなわち、将来、リスクが回避されたとき、取った対策について、「そこまでやる必要は無かったのではないか」「コストが無駄になったのではないか」という考え方をしないということです。これを、除染について言えば、将来、環境放射能の発癌率などへの影響が出なかったとき、「あれほどのコストをかけて除染する必要はなかったのでは」という考え方はしないということです。

そして、この「リスク・マネジメント」の三つの原則から考えて、最も取ってはならない判断は、「この基準を厳守すると、かなりコストがかかる、従って、実際には大した健康リスクは無いだろうから、当面、基準を緩めよう」という「経済優先主義的」な判断です。

例えば、原子力施設の事故時における作業者の緊急被曝などの場合には、国民の健康と安全を守るために一時的に作業者への被曝基準を緩めるという判断は、絶対に否定されるものではありませんが、一般の公衆の被曝については、こうした経済優先主義的な判断をしてはならないのです。

なぜなら、我が国においては、この経済優先主義的な判断が混入することこそが、原子力の安全性を損ねる最も大きなリスクになっているからです。

そのことの危うさを、我々は、今回の福島原発事故から深く学ぶべきでしょう。

「精神的な被害」も「健康被害」

では、除染をする、もう一つの理由は何ですか？

もう一つは、周辺住民の方々の「安心」を確保するためです。

たとえ、どれほど低いレベルの放射能汚染でも、明確に計測・確認ができる汚染が生じているという「事実」は、その地域に住む人々にとっては、長期的な不安心理と精神的ストレスをもたらします。そして、それこそが、原発事故の、もう一つの大きな被害であることを、我々は理解する必要があります。

一九八六年に起きたチェルノブイリ原発事故においても、その事故が周辺住民に与えた最大の被害は、「精神的ストレス」であると言われています。

その経験に学ぶならば、福島において周辺住民の方々が、これから長期間にわたって感じ続けていく「不安」や「心配」を、「根拠のない不安だ」「過剰な心配だ」といった言葉で論じてはならないのです。

日々、将来の健康に不安を感じながら生活することを余儀なくされる。

そのこと自体が、「精神的な健康」が損なわれたという意味で、極めて大きな「健康被害」なのです。

リスク・マネジメントへの「皮肉な批判」

では、除染によって、放射能のレベルを基準値以下にすれば、住民の方々にとって本当に「肉体的な健康被害」は無いのでしょうか？

厳密に言えば、現時点で、それは「分からない」と答えるしかありません。

なぜなら、広島・長崎の原爆被害、チェルノブイリ原発事故の健康被害など、世界中の研究者が研究を続けていますが、いまだに「長期的かつ確率的に現れる健康への影響」については、世界中で医学的知見が分かれているからです。

例えば、アカデミー賞・短編ドキュメンタリー賞を受賞した映画『チェルノブイリ・ハート』などを観ると、問題の難しさを改めて感じます。この映画は、チェルノブイリ周辺地域で多発する心臓疾患の子供たちを描いたものであり、それが環境中の放射能によって発生した長期的健康被害であるか否かについては、医学的知見が分かれているものの、現実に疾患が増えているという問題を描いたものです。

しかし、医学的知見が分かれているということは、リスク・マネジメントの原則からすれば、「最悪の可能性」を考えて対策を取るということです。すなわち、微量の環境放射能のレベルでも、何らかの健康への悪影響が生じるということを仮定して、その悪影響を最小化するための対策を取るということです。

しかし、こうした方針を取ると、必ず、リスク・マネジメントにおける「皮肉な批判」を受ける結果となります。

「皮肉な批判」とは、どのような批判ですか？

もし、そのリスク・マネジメントが成功した場合には、問題とした潜在リスクが現実化しないわけですから、「何も起こらない」という結果となります。すると、必ず、「あの対策を取らなくとも、何も起こらなかったのではないか」という批判が起こるわけです。リスク・マネジメントに携わる人間は、必ず、この宿命的な問題に直面することになります。

しかし、ここで問題としている「環境中に放出された放射能によって、将来、健康被害が出るのではないか」というリスクの場合には、やはり、「最悪の可能性」を考えて対策を取るべきなのです。なぜなら、適切な対策を取らず、もし何十年か先に多くの住民から健康被害を訴える人が出たとき、「ああ、やはり、健康に影響があったのだ。あのとき、対策を打っておくべきだったのだ」と反省し、後悔しても、全く意味が無いからです。

だから、リスク・マネジメントにおいては、「空振りコストは覚悟する」という原則を申し上げているのです。

「土壌汚染」の先に来る「生態系汚染」

現在、除染の作業は、主に土壌汚染を中心に行われていますが、「生態系の汚染」

という意味では、今後、どのような汚染が広がっていくのでしょうか？


やはり、気になるのは、海洋の汚染です。

汚染経路は、三つの経路が考えられます。

第一は、大気中に放出された放射能が、海の方向に流されたという経路。

実際、あの事故の後の風向、風速などの気象条件を見ると、放出された放射能のかなりの部分が海側に流れたと推測されます。

第二は、原発サイト内の放射能汚染水が海洋中に放出されたという経路。これは、低濃度の汚染水を原発サイトから海洋に放出した経路や、原発サイトから海への汚染水の意図せざる漏洩《ろうえい》が確認された経路です。

第三は、汚染水が地下水へ流入し、その地下水が海へ流れ出たという経路です。

海洋の汚染経路としては、この三つが考えられますが、幸い、二〇一一年一二月現在のところ、魚介類の深刻な汚染は報告されていません。

しかし、ビキニでの原水爆実験の結果、魚介類の汚染が確認されたのは、半年以上経ってからであることも理解しておくべきであり、海水の汚染が数年後に魚介類の汚染になって現れたという研究報告もあるので、楽観的判断は慎むべきでしょう。

残念ながら、海洋中での放射性物質の挙動は、「生物濃縮」や「食物連鎖」などもあり、極めて複雑であり、いまだ、十分に研究されていない状況にあります。

理解されていない「モニタリングの思想」

では、広がってしまった環境中の放射能について、今後、どう対処していけばよいのでしょうか？

基本的には、政府と自治体、研究機関の総力を結集して環境モニタリングを続けていくことです。しかし、その環境モニタリングを実施するときに、その「目的」を明確にするべきです。なぜなら、モニタリングには、目的によって異なる「二つの種類」があるからです。

一つは「早期発見モニタリング」。これは、原子力施設や放射性廃棄物所蔵施設から漏洩が起こったときに、それを「いち早く検出する」ためのものであり、これは、周辺住民の「安全」のために重要なモニタリングです。

もう一つは「安全確認モニタリング」。これは、周辺住民にとって「ここには放射能汚染が起こってほしくない」という場所を定期的に測定し、「汚染が無いことを確認する」ためのものです。これは、周辺住民の「安心」のために極めて重要なモニタリングです。

大切なことは、この二つの目的を明確に区別し、特に後者の「安全確認モニタリング」については、「汚染が無いのに測定し続けるのはコストの無駄だ」という発想を捨て、「周辺住民の方々の安心を確保するための必要コストである」と理解するべきでしょう。

いずれにしても、こうした二つのモニタリングを徹底して行うことによって、周辺住民と国民の安全と安心を守り続けることが、政府の数十年を超えた責任となっていくでしょう。

第六の疑問　社会心理的な影響への疑問

最大のリスクは「社会心理的リスク」

では、第六の疑問は何でしょうか？

すなわち、この原発事故の「社会心理的な影響」に対する政府の認識が不十分ではないかとの国民の疑問です。

「社会心理的な影響」への疑問です。

すでに述べたように、チェルノブイリ原発事故の最大の被害は、住民の「精神的ストレス」であったと言われています。すなわち、この事故がもたらした住民の「事故への恐怖」「環境汚染への懸念」「健康への不安」「家庭の崩壊」「仕事の喪失」「将来への絶望」「生きる意欲の喪失」など、精神的な被害こそが、最大の被害であったと言われているわけです。

そうした経験から、私は、原発事故の直後、官邸に対して「この事故の影響は、健康リスク以上に、社会心理的リスクが極めて深刻になる」と進言しました。

しかし、日本の行政は、「目に見える具体的なもの」だけを扱い、「目に見えないもの」を軽視する傾向があるため、原発事故による「精神的な被害」についても、しばしば「実際には環境汚染は軽微であるにもかかわらず、過度に心配する住民が多い」「健康被害は、ほとんど無いにもかかわらず、国民の不安が煽り立てられている」といった受け止め方をしてしまいます。

しかし、我々が深く留意するべきは、「物理的な被害」や「経済的な被害」だけでなく、「精神的な被害」もまた、冷厳な「現実」だということです。

阪神・淡路大震災の後、十年を経ても、まだ半数以上の人々が、「精神的トラウマを抱えている」という調査結果もありますが、今回の東日本大震災についても、その「物理的な復興」や「経済的な復興」はもちろん極めて重要ですが、長期的な視点で見るならば「精神的な復興」こそが、最も重要な課題になってくるのです。

同様に、今回の原発事故の被害は、「物理的被害」や「経済的被害」だけでなく、長期的に見れば、この「精神的被害」が最も大きな被害になってくることを、政府と行政は理解する必要があります。

そして、もしそのことを深く理解するならば、原発事故の収束作業、避難区域の設定と解除、避難住民の帰宅と移住、放射性廃棄物の処理と処分、廃炉の長期計画、環境モニタリングの実施と継続といったすべてのテーマについて、専門家組織による「社会心理的影響の評価」を行い、それに基づいて情報の公開と政府の広報、さらには、マスメディアとの協力を行っていく必要があります。そして、その際、情報公開と政府広報についての基本原則を定めておかなければならないのです。

「国民の知る権利」と「情報公開の原則」

それは、官邸での体験を通じて感じたことですか？

そうです。

官邸で事故対策に取り組んでいて、しばしば考えざるを得なかったのは、「この情報は公表するべきか」という問いです。

もちろん、こうした問いに対して、「国民は知る権利がある」「すべての情報は公表するべきだ」という「正論」もあるわけですが、現実は、それほど容易ではない。

例えば、まだ真偽が確認されていない情報を、どう扱うのか。また、将来起こる可能性はあるが、まだ、それが直ちに起こる状況にはない事態の情報を、どう扱うのか。

これは、なかなか難しい問題です。

こうした問いに対して、「真偽は確認されていないが・・・」「それが直ちに起こる状況ではないが・・・」という条件句付きで公表するという考えはあるのですが、実際にそれを行うと、マスメディアが報道するときに、その「条件句」が抜け落ちて報道され、無用のパニックを煽ってしまうことが、しばしば起こるわけです。

もとより、こうした緊急時における情報公開の問題は、最終的にはケースバイケースの判断が求められる細やかなテーマではありますが、やはり、原則を定めておかないと、担当者によって、部署によって、公表の判断基準がばらつく結果になり、それがマスメディアと国民からの不信感を助長する結果となります。

私が「合同記者会見」の実施を進言したのは、それが一つの理由でもあります。記者会見を東電と各省庁、各組織が合同で行うことによって、公表する情報の基準を一元化することが容易になり、そのことを通じて、マスメディアからの無用の誤解、「なぜ組織によって発表される情報の内容が違うのか」「何か重要な情報を隠しているのではないか」「情報を意図的に歪曲《わいきょく》して伝えているのではないか」といった誤解が生じるのを避けることができます。そして、そのことによって、政府とマスメディアの間に信頼関係を作っていくことが極めて重要と考えたからです。

なぜ放射能は社会心理的影響が大きいのか

それにしても、やはり、放射能の問題は、国民から見れば、極めて心配な問題ですね？

そうです。世の中に数ある有毒物質の中でも、放射性物質は、その健康への影響以上に、社会心理への影響が極めて大きいものですが、その理由は三つあります。

第一は、不幸な歴史的経緯があるからです。

日本においては、広島、長崎、ビキニと、三度にわたって原水爆の被害を受けたという歴史があります。それに加えて、海外のチェルノブイリ原発事故で、多くの死者や健康被害が出たということが伝わってきています。その点は、他の有害物質とは全く違った意味で、国民の恐怖心と不安を掻きたてる歴史的経緯を背負っているわけです。

第二は、検出限界が極めて低いからです。

放射性物質は、極微量でも検出できるという特徴があり、特にガンマ線は、安価な計測器でかなり微量の汚染でも検出できます。そのため、検出限界が比較的高い他の有害化学物質に比べると、検出されやすいという特徴を持っています。

第三は、極めて厳しい保守的な仮定を取るからです。

例えば、放射性物質の健康影響には、「閾値《しきいち》」は無いという仮定を採用しています。「どれほど微量であっても、その量に比例しただけ、健康に影響がある」という厳しい仮定に立っているのです。その理由は、あるレベルよりも低い放射線の被曝については、現在のところ、その生物学的影響や健康への影響が明確には分かっていないからです。従って、放射線被曝については、最も厳しい仮定である「被曝の影響に閾値はない」という仮定を採用しているのであり、この仮定が科学的に正しいか否かよりも、「極めて危険な放射性物質を扱うかぎり、リスク・マネジメントの原則として、最も厳しい仮定を置いて考える」という姿勢を貫いているということなのです。

この三つの理由から、放射性物質の問題は、社会心理への影響が極めて大きくなるのです。

原子力に携わる人間の「矜持」

どうして、原子力においては、そのような厳しい仮定を採用するのですか？

それが、原子力の平和利用を推進する人間の矜持だからです。

その矜持については、私が医学部で「放射線健康管理学」や「放射線生物学」を学んだ頃、恩師が語った言葉を思い出します。

「たしかに、放射性物質は人間の健康に有害なものですが、世の中に存在する有害物質の中で、放射性物質ほど、その危険性がよく研究されている物質は無いのです。そして、たしかに、放射性物質は発癌性を持っていますが、世の中には、それ以外にも数多くの発癌物質があるのです。我々人間は、ある意味で、発癌物質の海の中を泳いでいるようなものです。しかし、放射性物質については、そうした有害物質の中でも最も厳しい基準で、その安全性を確保するという方針を、我々は自ら採用したのです」

このように、原子力の平和利用を進める人間は、本来、世界でも最も厳しい基準を自らに課するという矜持を持っていたのです。

しかし、残念ながら、最近では、「放射性物質を扱う原子力産業が、他の有害物質を扱う産業に比べて、厳しい基準を採用されていることは、原子力にとっては不利なことだ」「だから、こうした緊急時には、少し基準を緩めてもよいのではないか」と安易に考える人々がいます。これらの方々は、率直に申し上げて、かつて原子力の平和利用に取り組んだ草創期の人々の矜持を、理解していないと言わざるを得ません。

原子力平和利用の草創期の人々は、「他の産業に比べて最も厳しい基準、最も厳しい仮定を自ら受け入れる」ことによって、文字通り、「最高水準の安全性」を確保しようとしてきたのです。我々は、そのことを、決して忘れてはならないのです。

しかし、我が国の原子力行政と原子力産業は、残念ながら、永年の歩みの中で、いつの間にか、その矜持を失い、その精神を風化させてしまった。

そして、その最も恐ろしい結果が福島原発事故であったことは、いまや、誰の目にも明らかでしょう。

「信頼」を失うほど増える「社会心理的リスク」

なるほど。そして、その原発事故の結果、政府は、国民からの信頼を失ったわけですね。

そうです。そして、「政府」が国民からの信頼を失えば失うほど、この「社会心理的リスク」は大きなものになってしまうのです。

すでに述べたように、チェルノブイリ原発事故の最大の教訓の一つは、「政府が国民からの信頼を失ったときは、最悪の状況になる」ということでした。

ところが、官邸に入って感じたことを率直に申し上げるならば、残念ながら、日本の行政機構は、政府が国民からの信頼を失ったときに発生する、この「社会心理的リスク」というものに対する認識が甘いのです。

それは、原子力の分野だけではない。例えば、「年金記録の喪失」という問題一つ取ってもそうです。「年金の記録が失われた」ということが、どれほど国民の政府への信頼を損ね、その結果、多くの国民が将来に対する不安を抱くかということが理解できていない。それは、現実に発生する経済的被害、生活的支障を超え、極めて大きな「社会心理的リスク」を生んでいるのです。そのことの深刻さを、現在の行政機構はあまり理解していないのです。

例えば、「風評被害」という言葉がありますが、行政機構は、「それは単なる風評だ、事実に基づかない単なる誤解だ」という認識で、現実に発生している「社会心理的リスク」を軽視する傾向があります。しかし、たとえそれが「風評」であっても、「誤解」であっても、その情報によって社会が心理的に極度の不安を感じているということは、厳然たる「事実」なのです。

その根本には、現在の行政機構は、統計的数値や経済的指標などの客観的データという形で「目に見えるもの」しか見ない組織文化があるからでしょう。そのため、「社会心理的リスク」などの「目に見えないもの」を軽視する傾向があるのです。

しかし、この「社会心理的リスク」を軽視したとき、我々は、さらに深刻な問題に直面します。

「社会心理的コスト」への跳ね返り

それは、どのような問題でしょうか？

「社会心理的リスク」が「社会心理的コスト」となって跳ね返ってきます。

最も分かり易い例は、いま述べた「風評被害」です。仮に現実的な根拠が無くとも、ある「風評」が生まれれば、原発周辺地域の生産物は売れなくなります。この経済損失は、その地域にとって「社会心理的コスト」となるわけです。

この問題の深刻さは、単に海産物や農作物が売れなくなったことだけではありません。ご承知のように、京都の五山の送り火にさえ、陸前高田市の松を使うのが不安だという声が挙がり、さらには、大阪の橋の工事においても、郡山市で製造された橋げたは使わないという動きさえ生まれたわけです。当然、このことによる経済的損失も「社会心理的コスト」と呼ぶべきものとなります。

また、「除染作業」も、ある地域において放射能への社会不安が極度に高まれば、基準値を下回っても、さらに徹底的に除染せざるを得なくなり、それはすべて「社会心理的コスト」になっていきます。

また、たとえごく僅《わず》かでも、何らかの被曝をした住民の方々は、これから永年にわたって健康への不安を抱えて生活をしていくことになりますので、この方々への定期的な健康診断、さらには精神的ケアを続けることは、すべて「社会心理的コスト」になっていきます。

こう述べると、「現実には、ごく僅かな被曝であれば、健康被害は全くといってよいほど生じない」と言われる専門家がいますが、そこで言う「健康被害」とは、「肉体的な健康被害」のことなのです。しかし、これから特に大きな社会問題となるのは、「将来、被曝によって病気になるのではないかとの不安を抱えながら生きていく」という「精神的な健康被害」なのです。

実際、たとえ微量といえども子供の尿にセシウムが検出された母親は、その不安を抱えながら生きていくことになるのです。それは、専門家がどれほど「心配しすぎだ」「気にする必要はない」と述べても、当人たちにしか分からない「精神的トラウマ」となって残り続けるのです。

もとより、こうした住民の方々の懸念に対して、適切かつ親切な科学的説明を行い、少しでも安心してもらう努力を続けることは絶対に必要ですが、行政に求められるのは、まず、こうした「不安」を抱えて生きる方々への「共感」であり、その心の苦しみを理解しようとする「機微」なのです。

そして、そのためにも、被曝をした方々や放射能の広がった環境に住む方々の「健康被害」という言葉の定義を、「肉体的な健康被害」だけでなく、「精神的な健康被害」をも含めて理解しなければならないのです。

今回の原発事故によって、国民から政府への「信頼」が失われたのは、「事故を防げなかった」ことや、「事故後の対策が不十分だった」ことだけが理由ではありません。「住民や国民の気持ちを理解してくれない」ということも、国民から政府への不信となっていることを、我々は知るべきでしょう。

そして、こうしたことも含めて、国民から政府への「信頼」が失われるほど、この「社会心理的コスト」は増大していくのです。

そして、増大していく、この「社会心理的コスト」は、もう一つの大きな問題とつながっていくのです。

原子力が考慮しなかった「社会的費用」

それは何でしょうか？


「社会的費用」という問題です。

すなわち、こうして発生した「社会心理的コスト」の多くが「社会的費用」になり、それは、結局、税金などの形で「国民の負担」になってしまうのです。

そして、実は、この「社会的費用」という概念は、原子力については、あまり考慮されていないのです。

この「社会的費用」という概念は、環境問題を論じるときの基本的概念なので、簡単に説明しておきましょう。

例えば、ある工場の操業で環境汚染が生じたとき、「汚染者負担の原則」によって、汚染者（工場所有者）がその環境汚染を修復した場合には、その修復費用は工場の製品の価格に反映されるため、この環境汚染によって発生したコストは、市場経済の内部に反映されます。

しかし、もし汚染者がその汚染修復の費用を負担しない場合には、政府や自治体が国民や住民の税金によってその修復費用を負担することになります。その結果、この環境汚染によって発生したコストは、市場経済の外部に存在する「外部経済」と呼ばれるものとなり、これが「社会的費用」と呼ばれるものになってしまいます。

そして、この場合、実際に環境汚染の修復にかかったコストだけでなく、環境汚染に伴って生じた社会心理的コストも、「社会的費用」になってしまいます。

今回の原発事故の例で言えば、例えば、「除染作業」にかかったコストのうち、国や自治体が負担した部分は「社会的費用」であり、「風評被害」による生産物の売上低下などの損害も、国や自治体が補償した場合は「社会的費用」になります。さらに、周辺住民の生活への不安や労働意欲の喪失などから生じる経済的損失は、社会心理的コストですが、これらも「社会的費用」になります。

もとより、こうした「社会心理的コスト」も、例えば「精神的被害に対する慰謝料」のような形で、汚染者が負担すれば、その一部を市場経済に反映することができます。しかし、現実には、こうした「社会心理的コスト」の大半は、それが「目に見えない被害」であるため「客観化」することも「定量化」することも難しく、結果として、市場経済の内部に取り込むことができず、「膨大だが、評価できない社会的費用」となってしまうのです。

そして、このことが、さらに大きなもう一つの問題を、我々に投げかけてきます。

さらに大きな問題ですか？

それは、「原子力発電のコストとは何か」という問題です。
そのことは、次の第七の疑問において、触れましょう。

第七の疑問　原子力発電のコストへの疑問

増大する原子力発電のコスト

では、第七の疑問は、何でしょうか？

「原子力発電のコスト」への疑問です。

これまで原子力発電は、他のエネルギー源に比べて、最も安価なエネルギーであると語られてきました。しかし、福島原発事故の後、そのことに、国民からの疑問が投げかけられています。

それは、二つの疑問です。

一つは、「この原発事故によって、今後、原発のコストは、かなり高くなるのではないか。そうであるならば、どの程度上昇するのか」という疑問です。

実際、福島原発事故の後、原発コストが増大するという予測は、多くの識者が語っています。控えめに考えても、今回の事故の経験を踏まえ、安全対策を抜本的に強化するコストだけでも、相応のコスト増になることが予想されます。さらには、事故への補償費などがコストに反映されることを考えると、原発については、「安全神話」だけでなく、永く語られてきた「安価神話」も崩壊することは明らかでしょう。

除外されてきた原子力発電のコスト

では、もう一つの疑問は何でしょうか？

もう一つは、「そもそも、これまでの原子力発電のコストについては、本来、コストに算入されるべきものが入っていなかったのではないか。もしそうであるならば、そのコストを含めたとき、原発のコストは、本当はいくらなのか」という疑問です。

この「これまで算入されていなかったコスト」としては、「核燃料サイクルコスト」

や「電源立地対策コスト」などが挙げられています。

このうち、「核燃料サイクルコスト」と「電源立地対策コスト」の両方に関わっていながら、まだ、原発コストに十分に反映されていないものが、実は、「高レベル放射性廃棄物処分コスト」です。

その理由は、二つです。

一つは、高レベル放射性廃棄物の最終処分の方法が決まっていないため、コストが計算できないからです。例えば、従来の計画通り「地層処分」によって最終処分を行う場合には、処分サイトを地元に受け入れてもらうための立地対策コストが発生しますが、福島原発事故の後に広がるＮＩＭＢＹの社会心理を考えるならば、そのコストがどの程度になるのか全く読めません。いや、そもそも、国内にそうした地層処分サイトを見出せるかどうかさえ、現時点では、極めて難しいのが現実です。

そして、もう一つは、もし仮に、最終処分の方法が定まらず、極めて長い期間、例えば数百年間「長期貯蔵」を行うことになった場合には、その期間の貯蔵コストがどの程度膨大になるか、分からないからです。

このように、原子力発電のコストは、「新たに算入しなければならないコスト」と「これまで算入してこなかったコスト」がどの程度になるかが、極めて重要なファクターになるのですが、実は、もう一つ「隠れた重要なコスト」があるのです。

それは、何でしょうか？

それは、「客観的・定量的な評価ができないため算入できないコスト」と呼ぶべきものであり、その典型的なものが、先ほど述べた原子力エネルギーの「社会的費用」であり、「社会心理的コスト」です。

算入ではなく考慮するべき「目に見えないコスト」

しかし、そうした客観的・定量的な評価が難しい「社会的費用」は、エネルギー・コストとして算入はできないのではないでしょうか？

たしかに、そうしたコストは、定量的に「算入」することは難しいですが、長期的なエネルギー政策を定めていくとき、政府として、十分に「考慮」しなければならないでしょう。

なぜなら、こうした「社会的費用」という形で発生する「目に見えないコスト」を評価し、政策的意思決定において考慮することは、これからの時代の政府に求められる「新たなパラダイム」だからです。

実は、その典型的なものが、「地球温暖化」の問題です。

この「地球温暖化」の問題もまた、その影響と被害が未来の世代を含めた人類社会全体に及ぶものでありながら、その被害が「客観的・定量的」に評価できないため、各国の政策的意思決定において、「十分に考慮されない」ということが起こるのです。

もとより、この「地球温暖化」の問題においても、「排出量取引」や「炭素税」などの形で、市場経済の外部に発生する「社会的費用」を、市場の内部に反映させる努力もされています。しかし、そうした政策をどれほど工夫しても、やはり、市場へ内部化されない「社会的費用」は残存し、社会全体の負担となる「目に見えないコスト」は残るのです。

従って、この「原子力エネルギー」についても、立地対策費や賠償費などの形で社会的費用を内部化するとともに、これらの政策でも反映できない社会的費用については、政府がそれを十分に考慮したうえで、エネルギー政策を検討していくことが求められるでしょう。

昔から、「人間の精神の成熟」とは、「目に見えないもの」が見えるようになることと言われますが、その意味において、これからの時代の政府は、政策的意思決定に際して「目に見えない資本」や「目に見えないコスト」を十分に評価することのできる「成熟した政府」になっていく必要があるのでしょう。

第三部

新たなエネルギー社会と参加型民主主義

「脱原発依存」のビジョンと政策

田坂さんは、官邸において、「脱原発依存」の政策を強く進言したと言われていますね？　そのお考えについて教えていただけますか？

たしかに、いくつかのメディアは、私が「脱原発の急先鋒」のように論じましたが、そこには誤解があるように思います。

すでに述べたように、私は、もともと、原子力を推進してきた人間です。若き日に原子力エネルギーというものに夢を抱き、核燃料サイクルというものを実現するために、放射性廃棄物の最終処分の方法について研究し、また、それを現実的なプロジェクトとして取り組んできた人間です。

そして、福島原発事故の後も、私は、原子力エネルギーの平和利用の可否について、まだ最終的な結論は出ていないと思っています。

いずれ、最後の審判は国民が下すと思いますが、まだ、その審判は下っていないと思っています。

しかし、その国民の最後の審判を仰ぐためには、我々原子力を進めてきた人間に、いま、深く問われていることがあります。

まず、我々は、何よりも、今回の事故が国民の信頼を決定的に裏切ってしまったことを強く自覚し、深く反省しなければならない。そして、その反省に立ったうえで、この原発事故の原因を徹底的に究明し、原子力行政と原子力産業の抜本的な改革を行わなければならない。そのうえで、我々は、国民の前に深く頭《こうべ》を垂れ、謙虚に最後の審判を仰ぐという姿勢を持たなければならない。

それをしなければ、我々は、国民の信頼を完全に失い、原子力の未来は決定的に失われると思っています。

そして、もし、これから、この日本という国において、原子力行政と原子力産業の徹底的な改革が行われないのであれば、たとえ私自身がこれまで原子力を推進してきた立場の人間であっても、私は、今後、我が国が原子力を進めていくことには、決して賛成できない。

それが、私の、現在の考えであり、立場です。

それは、あの「首都圏三千万人の避難」という最悪の状況まで考えざるを得なかった現実を体験した人間の責任であり、今回の事故を引き起こした原子力の推進に携わってきた人間の責任と考えています。

「政策」ではなく「現実」となる脱原発依存

では、田坂さんの考える「脱原発依存」のビジョンとは、どのようなものでしょうか？

私が申し上げる「脱原発依存」のビジョンとは、正確には「計画的・段階的に脱原発依存を進め、将来的には、原発に依存しない社会をめざす」というビジョンです。

しかし、これは、私が何か特別なことを語っているのではなく、現在の国民の平均的な感覚ではないでしょうか。

あの福島原発事故を経験して、いま、国民の多くは、次の二つの思いを持っています。

「やはり原発は怖い。だから、もし原発をやめられるものならば、やめたい」

「しかし、原発をやめることで、経済や産業が打撃を受け、生活に甚だしい支障が生じるのも困る」

この国民の平均的な感覚と思いを、原子力に関する将来ビジョンとして語るならば、「計画的・段階的に脱原発依存を進め、将来的には、原発に依存しない社会をめざす」というビジョンとなるのではないでしょうか。

そして、福島原発事故をふまえ、現在、様々な政党や団体が語っている原子力に関する将来ビジョンも、「脱原発」「縮原発」「減原発」など、言葉こそ違え、基本的には同様の方向を語っています。

ただ、ここで、一つ理解して頂きたいことがあります。

そもそも、「脱原発依存」というのは、「将来のビジョン」ではありません。

それは、「目の前の現実」なのです。

それは、どういう意味ですか？

端的に申し上げれば、「原発に依存しない社会をめざす」というビジョンの可否以前に、このままでは、「原発に依存できない社会」が到来するのです。

福島原発事故の後も、原発の推進を主張する方々は、まず、その「現実」を見つめるべきでしょう。

なぜなら、今後、我が国では、三〇年以上、原発の新増設ができなくなるからです。

そして、もし、今後、原発の新増設ができなければ、原発の寿命を四〇年と考えて、現在稼働している原発も、遅くとも二〇五〇年頃には、すべて寿命を終え、自然に無くなってしまうからです。すなわち、二〇五〇年頃には、「原発に依存できない社会」がやってくるのです。

TMI事故が止めた新増設

しかし、四〇年以内に新増設ができれば、原発は無くなりませんね？

その通りです。

しかし、では、福島原発事故を経験した日本において、今後四〇年以内に、原発の新増設ができるのか。

いま、このことに楽観的な人は、それほど多くはないでしょう。

なぜなら、アメリカのスリーマイル島原発事故の経験があるからです。

スリーマイル島原発事故は、ご承知のように、福島原発事故よりも軽微な事故でした。国際原子力機関（ＩＡＥＡ）の定めた「原子力事象評価尺度」（ＩＮＥＳ）によれば、スリーマイル島原発事故は「レベル５」であり、福島原発事故とチェルノブイリ原発事故は「レベル７」です。

すなわち、福島原発事故よりも二段階も軽微なスリーマイル島原発事故でさえ、その結果、全米で三〇年以上、原発の新増設ができなかったという事実があるのです。

この事実の重さを、日本の政界、財界、官界のリーダーの方々には、理解して頂きたいのです。そして、日本においても、四〇年以上、原発の新増設ができないという事態をも想定して、エネルギー政策の未来を考えて頂きたいのです。

もし、これらの方々の中に、「福島は大変な事故だったが、何とか再稼働に漕《こ》ぎ着けば、いずれ世論も変わってくるだろう。そのとき、新増設も受け入れてもらえるだろう」という楽観論があるならば、その楽観論こそが、大きな落し穴になってしまうでしょう。

なぜなら、いま、国民が最も懸念しているのは、その「根拠の無い楽観論」だからです。

もし、国民の目から見て、政府が、「あれほどの事故を起こしても、深く反省しない、原因を究明しない、行政の改革をしない。ただ、再稼働を急ぎ、既成事実を積み重ねて、原子力の従来の路線を墨守しようとしている」という姿に見えてしまうならば、国民は決して納得しないでしょう。

逆に言えば、もし仮に、将来の原発新増設に僅かな可能性があるとすれば、原子力行政と原子力産業を徹底的に改革するという姿勢を貫くことによって、国民からの信頼を取り戻したときではないでしょうか。

現在の政府が、エネルギー需給の逼迫を懸念し、原発事故の収束宣言を急ぎ、再稼働を急ごうと考える気持ちは分かるのですが、やはり、この状況においては「拙速」を避け、地道に、着実に、国民からの信頼を回復していく道を選ぶべきでしょう。

政府が急げば急ぐほど、国民は懸念を強め、納得しなくなる。その結果、すべてが動かなくなっていく。その逆説に気がつくべきでしょう。

計画的・段階的・脱原発依存の意味

では、その「脱原発依存」のビジョンが、なぜ非現実的と受け止められているのでしょうか？

それは、「原発に依存しない社会をめざす」というメッセージと、「原発を全部一挙に止めてしまう」という過激なメッセージが混同されているからです。

「計画的・段階的に脱原発依存を進めていく」というビジョンは、あくまでも、経済と産業に打撃を与えないように配慮し、生活にも甚だしい支障のないように工夫をしながら、計画的・段階的に原発への依存度のレベルを下げていくというビジョンです。

正確に言えば、当面、再稼働が困難になる原発、寿命が来て廃炉になる原発によるエネルギー不足を、他のエネルギー源によって可能な限り代替していくというビジョンです。ここで、他のエネルギー源による代替とは、短期的には、省エネルギーと化石エネルギーによる代替、長期的には自然エネルギーによる代替を考えていくということです。

そうした他のエネルギー源による代替は可能なのでしょうか？

それは、まさに、これからの国家的・国民的挑戦に懸っていると思います。

この「脱原発依存」のビジョンを、「原発に依存しない社会をめざす」と目標的に述べており、「原発に依存しない社会にする」と断定的に述べていないのは、あくまでも、このビジョンが、高い目標への挑戦であり、その達成と実現が安易に約束されているものではないことを意味しています。

しかし、福島原発事故を経験して、いま、国民の多くは、その国家的・国民的挑戦を求め、大きな期待を寄せています。政府は、その国民の期待に応えるべく、全力を挙げて、この「脱原発依存」のビジョンの実現に挑戦するべきでしょう。

「現実的な選択肢」を広げることが政府の義務

田坂さんは、二〇一一年五月のG8ドービル・サミットに向けて、総理に対して、自然エネルギーの普及を拡大すべきとの進言をしましたが、それは、この国家的・国民的挑戦という意味だったのでしょうか？

そうです。しかし、ここにも誤解があるようなので申し上げておきますが、これは、「すべてのエネルギーを自然エネルギーで賄う」や「直ちに自然エネルギーを基幹エネルギーに育てる」といった非現実的な政策を掲げたものではありません。

原子力推進派の方も、原子力反対派の方も、しばしば、相手の語る政策や論理を極端に単純化して解釈し、批判するという傾向がありますが、こうした議論は生産的ではありません。

私は、内閣官房参与という立場で、総理と官邸に対して、エネルギー政策を進言する任にあったわけですが、一人の識者としての立場ではなく、政府の立場でエネルギー政策を考えるとき、最も大切なことは明らかです。

「いかなる状況の変化にも備える」

そのことが極めて重要です。

政治や政策というものは、「一か八かの賭け」ではありません。将来に起こるであろう状況を、「こうなるに違いない」と主観的に決めつけて政策を立案することや、「こうであったら良いのだが」と希望的観測に流されて政策を準備することは、厳に避けなければなりません。

なぜなら、現在の状況では、仮に、政府が「今後も、原子力エネルギーを基幹エネルギーとして堅持していく」と決めても、国民世論の強い反対の中で、新増設はもとより、再稼働さえもなかなか実現できないという状況も起こり得るからです。

逆に、仮に、政府が「今後は、自然エネルギーを飛躍的に普及させ、基幹エネルギーに育てていく」と決めても、実際には、なかなか自然エネルギーの普及が進まないという状況も起こり得るのです。

では、どうすれば、「いかなる状況の変化にも備える」ことができるのか。

そのためには、エネルギー源についての「現実的な選択肢」を広げることです。

現実的な選択肢を広げる「四つの挑戦」

では、「現実的な選択肢」を広げる政策とは、どのような政策でしょうか？

それが、二〇一一年のG8ドービル・サミットに向けて、私が総理と官邸に提言した、「四つの挑戦」という政策です。

すなわち、今後の日本のエネルギー政策を考えるとき、「原子力エネルギー」「自然エネルギー」「化石エネルギー」「省エネルギー」という「四つのエネルギー源」について、それぞれ、「四つの挑戦」をするべきという提言です。

第一が、原子力エネルギーの「安全性」への挑戦。

福島原発事故の結果、国民は、原子力エネルギーの「安全性」に極めて強い懸念を抱いているわけです。従って、原子力エネルギーについては、まず何よりも、その

「安全性」をどこまで高められるかの徹底的な挑戦を行い、「世界で最高水準の安全性」を実現するということです。ただし、この「安全性」とは、単なる「技術的な安全性」ではなく、「人的、組織的、制度的、文化的な安全性」をも含んだ「安全性」であることは改めて言うまでもありません。

第二は、自然エネルギーの「基幹性」への挑戦。

逆に、原発事故の結果、多くの国民は、自然エネルギーに大きな期待を寄せています。しかし、現実には、現在の自然エネルギーの比率は一％程度。この割合を、どの程度まで高められるか、どの程度、急速に高められるか、本当に国の基幹エネルギーとしての地位まで高められるか、それが大きな挑戦になります。

第三は、化石エネルギーの「環境性」への挑戦。

原子力エネルギーは比率が低下していく、自然エネルギーは、まだ僅かな比率という状況の中で、短期的に期待せざるを得ないのは、この化石エネルギーです。しかし、言うまでもなく、この化石エネルギーは、地球温暖化の問題を生み出していきます。従って、当面、化石エネルギーに一定の割合、依拠するとしても、「エネルギーの有効利用」や「温暖化ガス排出の少ない燃料へのシフト」を通じて、その「環境性」を徹底的に高めていく挑戦が求められます。

そして、第四は、省エネルギーの「可能性」への挑戦。

実は、最も短期的に効果を持つ「エネルギー開発」は、この省エネルギーです。実際、二〇一一年夏の計画停電などの経験を通じて、多くの国民が協力して省エネルギーに取り組むだけで、原発数基分のエネルギーを節約できることは、すでに証明されています。それは、ある意味で、原発数基分のエネルギーを生み出したことと同等の意味を持つわけです。従って、この最も即効性のあるエネルギー開発の「可能性」に、まさに「国民的挑戦」として取り組むことが求められます。

以上、この「四つの挑戦」を進めていくことによって、政府は、エネルギー源についての「現実的な選択肢」を広げていかなければなりません。

「国民の選択」という言葉の欺瞞

なぜ、そこまでして、エネルギー源についての「現実的な選択肢」を広げていく必要があるのでしょうか？

それをしなければ、「国民に対する欺瞞《ぎまん》」になってしまうからです。しばしば、民主主義社会においては、「国民の選択」という言葉が使われますが、実際に「現実的な選択肢」の無い状況で、国民に選択を問うのは、ある種の欺瞞になってしまうからです。

例えば、これまで「自然エネルギー」については、政府として、その開発と普及に大きな力を注いでこなかったわけです。その結果、現状では、自然エネルギーの普及率は一％程度にとどまっています。この状況において、政府が国民に対して、「エネルギー源の選択」を問うことは、無責任な欺瞞との批判を免れないでしょう。
政府が、もし、原子力エネルギーと自然エネルギーの選択を国民に問うのであれば、何年かかけて自然エネルギーを開発・普及する徹底的な努力をしたあと、「この程度の努力をすれば、この程度まで比率を高められます」、もしくは、「これほど努力をしても、この程度しか高まりません」という結果を示した後、国民に選択を問うべきなのです。
すなわち、政府が掲げる「原発に依存しない社会をめざす」という言葉は、単に「原発を減らしていく」ということを意味しているのではなく、原発に対する代替エネルギー源を育てていくという意味であり、自然エネルギーがどの程度まで伸びるか、政府の総力を挙げて「挑戦する」という意味に他ならないのです。

「脱原発依存」の政策を取りながら、「原子力の安全性」への挑戦が必要ですか？

「脱原発依存」に向かうとしても、原子力の「安全性」を高める挑戦は、絶対に必要です。なぜなら、明日、すぐに全ての原発を停止することはできないし、仮に、それができたとしても、使用済み燃料の問題、廃炉の問題、放射性廃棄物の問題が、数十年から数百年の間、取り組むべき課題として残るからです。

その意味で、「人的、組織的、制度的、文化的な安全性」を含めて、原子力の安全性を徹底的に高めていくということは、「原発推進派」か「原発反対派」かを問わず、極めて重要な課題になっていきます。

二〇一一年三月一一日の「国民投票」

先ほど、「国民の選択」ということを言われましたが、将来のエネルギー源について国民に選択を問うということは必要でしょうか？

必要と思います。

欧州においても、スウェーデンやスイス、イタリアなどで「国民投票」を行って、将来のエネルギー源について国民的な選択を行っています。従って、日本においても、そうした国民投票のような形で選択を問うことは、十分に考えられます。

ただ、もし国民投票を行うのであれば、二つの前提条件を重視すべきと思います。

一つは、先ほど述べた「現実的な選択肢を広げる」こと。そして、もう一つは、「国民的な議論を尽くす」ことです。逆に、「現実的な選択肢」も限られており、「国民的な議論」を尽くさない状況で国民投票に向かうならば、それは、原発推進派と原発反対派のキャンペーン合戦と堕してしまい、最悪の場合には、大衆迎合政治や扇動政治になってしまいます。

むしろ、日本という国で国民投票を行うことの意味は、そうした国民投票という機会を通じて、国民の意識が成熟し、我が国の政治と民主主義が成熟していく契機を生み出すということかと思います。

そうした意味から、もし、日本で「将来のエネルギー源」についての国民的選択を行うのであれば、先ほど述べた「四つの挑戦」を徹底的に行ったうえで、あの歴史的な日から一〇年後の「二〇二一年三月一一日」に、国民投票を行うということを提言したいと思います。

オープン懇談会がめざした「国民に開かれた官邸」

将来のエネルギー政策を、「国家的挑戦と国民的挑戦」を行ったうえで、そして、「国民的議論」を尽くしたうえで決めていくべきとの考えは分かりました。では、田坂さんが内閣官房参与の立場で、官邸での「自然エネルギーに関する総理・有識者オープン懇談会」を企画・実現されたのは、そうした「国民的議論」を広げていくためだったのでしょうか？

そうです。しかし、そのためには、まず「国民に開かれた政府」を実現しなければなりません。

二〇一一年六月に、官邸において「オープン懇談会」を企画・実現したのは、「国民に開かれた官邸」を試みることによって、「国民に開かれた政府」への扉を開きたいと考えたからです。

実は、私自身、官邸に入る前から、一人の国民として感じていたことがあります。それは「政権の中枢である総理官邸において、何が起こっているのか、国民から見ると分かりにくい」ということです。だから、官邸を、国民に対して開かれた存在にするべきと考えたのです。それが、この「オープン懇談会」を企画・実現した理由です。

もちろん、これまでも、総理と有識者が意見交換する「懇談会」は、数多く実施されてきました。しかし、それらは基本的に、国民に対して公開されているものではなく、また、国民の立場から参加できるものでもありませんでした。

これに対して、この「オープン懇談会」は、二時間の懇談会のすべてを、ネット動画でリアルタイム中継し、多くの国民やメディアが自由に視聴することができるようにしました。また、同時に、ツイッターを使って、誰でもコメントや質問を懇談会の場に送れるようにするとともに、それらの質問に対しても、総理や有識者がその場で答えるようにしました。

その結果、この「オープン懇談会」は、延べ一五万人が視聴し、一万五千件のコメントと質問が寄せられるものとなったわけです。この数字は、初めての試みとしては大きな成功と呼べるものと思いますが、実は同時に、これは、「世界でも初めての試み」でした。すなわち、首相や大統領など、国家首脳と有識者の会合を、ネット動画を通じて公開し、そこに国民が直接参加して議論が行われるというスタイルは、世界を見渡しても、前例の無いものでした。この「オープン懇談会」に刺激を受けたのか、この翌月、オバマ大統領が、ネットを使って国民の質問に答えるという米国初のイベントを実施しましたが、これは大きなニュースになりましたので、ご存知の方も多いと思います。

この「オープン懇談会」は、「政府と国民の対話」の新たなスタイルであると考えていますが、こうした形で、国家のリーダーが国民と直接結びつく場が生まれることによって、政府の在り方そのものが、大きく変わっていくと考えています。

なぜなら、組織というものは、トップの行動スタイルが変わると組織全体のスタイルも変わっていくからです。従って、こうした総理自ら参加する「オープン懇談会」

のスタイルが定着していくことによって、今後は、各省の大臣が、直接、国民との対話を行ったり、各種の審議会をネット動画で中継し、国民の声を集める「オープン審議会」などが生まれてくることを期待しています。

実際、すでに、官邸や省庁のいくつかの会議は、リアルタイムのネット動画で、国民に公開されるようになっています。今後の課題は、「オープン懇談会」で試みたように、リアルタイムで国民からのコメントが集まり、国民からの質問にも答えていくという「政府と国民の対話」の新たなスタイルが広がっていくことです。

そういう意味で、「オープン懇談会」は、これまで多くの国民が感じていた「審議会などでの政策の議論が見えない」という問題を解決し、「政府と国民の対話のスタイル」を進化させる、一つの突破口になったかと思います。

「観客型民主主義」から「参加型民主主義」へ

では、なぜ、田坂さんは、こうした形で「国民に開かれた官邸」や「国民に開かれ

た政府」をめざしたのですか？


現在の「民主主義の在り方」を変えたいからです。

そして、そのためには、まず、政府中枢の総理官邸と国民との「対話のスタイル」が変わることが、その変革の触媒になると考えたからです。

しばしば、「この日本は民主主義国家だ」との言葉を耳にしますが、私は、まだ日本における民主主義は、本当の成熟の段階を迎えていないと思っています。そのことを象徴するのが、過去一〇年以上語られてきた「劇場型政治」や「観客型民主主義」という言葉です。これは、近年、我々国民一人ひとりの中に巣食ってきた危うい心理を、鋭く指摘している言葉です。

すなわち、誰か面白い「変革ドラマ」を見せてくれるリーダーはいないかと考え、人気のある政治家がいると、期待し、投票し、リーダーにする。しかし、まもなく、そのリーダーに飽き、幻滅し、また、次のリーダーを探す。

我が国の政治においては、そうした「強力なリーダー出現」の願望と幻滅が繰り返されてきたのではないでしょうか。しかし、その真の原因は、「リーダーの不在」ではなく、我々の中に巣食っている「自分以外の誰かが、この国を変えてくれる」という「依存の病」であり、この病をこそ克服しなければならないのでしょう。

かつて、社会心理学者エーリッヒ・フロムが『自由からの逃走』の中で語った指摘に、我々は耳を傾けるべきでしょう。

それは、「第二次世界大戦前において、ファシズムが抬頭《たいとう》した本当の原因は、彼らの政治宣伝の巧みさにあったのではない。この時代の人々の心の中に『自由に伴う責任の重さから逃れたい』との無意識があり、その責任を肩代わりしてくれる強力なリーダーを求める社会心理が生まれたことこそが、本当の原因であった」という指摘です。

そして、劇作家ブレヒトもまた、その戯曲『ガリレイの生涯』の中で、「英雄のいない国は不幸だ」との言葉に対して、ガリレイに、こう語らせています。

「そうではない。英雄を必要とする国が不幸なのだ」

だからこそ、我々は、我々自身の中にある「誰か強力なリーダーが現れて、この国を変えてくれないか」という「英雄願望」を克服していかなければならないのでしょう。そして、自覚を高めていかなければならない。「この国を変えるのは、他の誰でもない、我々一人ひとりの国民なのだ」との自覚です。

民主主義とは、単に「選挙のときに投票に行く」ことではありません。真の民主主義とは、「国民一人ひとりが、この国の運営と変革に主体的に参加する」ことに他ならないのです。そして、そのためには、国民の誰もが政府と対話し、議論し、行動できる場を創っていかなければなりません。そのための、小さな一歩として、「国民に開かれた官邸」の新たなスタイルを試みたのです。

もとより、これはまだ、ささやかな試みに過ぎませんが、こうした試みを積み重ねることによって、我々は、「劇場型政治・観客型民主主義」の時代に別れを告げ、「広場型政治・参加型民主主義」の時代を切り拓いていくことができるのでしょう。

東日本大震災で芽生えた「国民の参加意識」

たしかに、我々の心の中には、「劇場型政治」や「観客型民主主義」と呼ばれるものが巣食っているように思いますが、我々日本の国民の意識に、そうした変化が起こるのでしょうか？

いや、すでに起こっていると思います。三月一一日に発生した、大震災、大津波、原発事故という大災害と甚大な被害を目の前にして、いま、日本中の多くの人々が、「いま、自分に何ができるだろうか」と考え、行動しています。ある意味で、いまほど、日本国民一人ひとりが、この国の復興と新生、そして変革を考えているときはないのでしょう。もし、そうであるならば、いま、政府に問われているのは、こうした国民一人ひとりの意識とエネルギーを、この国の変革へと結びつけていく叡知なのでしょう。

その「参加型民主主義」とは、かつての古く懐かしい「直接民主主義」の復活を意味しているのでしょうか？

たしかに、ある意味では、かつての「直接民主主義」の復活です。

しかし、それは単なる復活ではありません。なぜなら、世界の進歩や発展は、必ず弁証法的に起こり、「螺旋《らせん》的発展の法則」によって起こるからです。すなわち、「螺旋階段」を登っていくと、元の位置に戻ってきますが、ただ戻るだけではない。必ず一段、高い位置に登っている。言葉を換えれば、世の中の進歩・発展においては、「古く懐かしいものが、新たな価値を伴って復活してくる」のです。

従って、「民主主義」の進歩・発展においても、それが起こります。古く懐かしい「直接民主主義」が復活してくる。ただし、それは、ネット革命によって新たな価値が付け加えられた「直接民主主義」です。かつての直接民主主義は、ネット動画やツイッター、フェイスブックを使うことはできませんでした。一つの会合を一五万人が視聴することや、一万五千人がコメントを寄せることはできなかったのです。

一九九五年に始まったインターネット革命は、これから、直接民主主義を新たな形で復活させていくでしょう。それによって、成熟した形での「参加型民主主義」が可能になっていくと考えています。

このネット革命は、アラブ諸国においては、フェイスブックを通じた民主化革命を推し進めましたが、日本のような、すでに民主主義制度が確立している国においては、成熟した「参加型民主主義」を実現する革命を、推し進めていくでしょう。

「参加型エネルギー」としての自然エネルギー

では、このオープン懇談会のテーマに「自然エネルギー」を選んだのは、なぜですか？

二つの理由があります。

第一は、これから「自然エネルギー」が、日本のエネルギー政策にとって極めて重要なテーマとなるからです。その理由は、先ほど述べました。

第二は、自然エネルギーが「参加型エネルギー」だからです。言葉を換えれば、自然エネルギーを普及させていくということは、「参加型民主主義」を広げていくことにもなるからです。これは、省エネルギーの推進も同じでしょう。

例えば、原子力エネルギーについては、国民がどれほど熱心な議論をして、仮に「原子力エネルギーを利用しよう」となっても、それを実行するのは、政府と電力会社です。国民ではない。しかし、自然エネルギーや省エネルギーは、それを議論した後、誰もが、行動に移ることができます。「自分は、家庭に太陽光パネルを導入した」「自分は、家族で協力して二〇%の省エネに挑戦している」という形で、実際に行動することができるのです。

これは、すなわち、国民一人ひとりが、どのようなエネルギー社会を実現するかを議論するだけでなく、その後、一人ひとりが具体的な行動を起こすことによって、「新たな社会システム創り」に具体的に参加できるということです。このことが、自然エネルギー普及という政策の魅力的なところです。

先ほど、「参加型民主主義の時代を切り拓く」ということの大切さを語りましたが、それは、ただ「政策を議論しよう」「意志を行動に移そう」という抽象的な議論を語り、国民を啓蒙していくことで実現されるものではありません。例えば、自然エネルギー普及といった具体的な事例への取り組みを通じて、「参加型民主主義」は広がっていくのです。

そして、この自然エネルギーは、「国民参加型エネルギー」であるとともに、「地域分散型エネルギー」でもあります。従って、これを進めることによって、地方自治の意識も高まり、地方分権の動きも自然に加速されていくでしょう。

「政府と国民の対話」の新たなスタイル

これからも、政府は、この「オープン懇談会」のような活動を続けていくべきと思われますか？

これは、一つの政権が切り拓いた「政府と国民の対話」の新たなスタイルです。今後、総理が代わろうとも、政権が代わろうとも、こうした「参加型民主主義」の新たな試みは、ぜひ、続けていって頂きたいと思います。

それは、いま、多くの国民が望んでいることです。なぜなら、原子力や環境の問題でも、医療や介護の問題でも、年金や税金の問題でも、こうした「国民に開かれた官邸」のスタイルで国民的な議論をしていくべき課題が、数多くあるからです。

三月一一日の大震災、大津波、原発事故という未曾有の災害を体験しながらも、いま、多くの国民は、それでも未来を見つめ、「この国を、どうするのか」「自分に、何ができるのか」という意識を高めています。

まさに、こうして国民の意識が大きく変わりつつある時期だからこそ、政府の意識もまた、大きく変わっていかなければならないのです。

そして、その変革は、静かに、必ず、起こっていくでしょう。

五か月と五日の官邸で見た「現実」

有り難うございます。
それでは、このインタビューの最後に伺いますが、田坂さんが、官邸で活動された五か月と五日、そこで見た「現実」とは、何だったのでしょうか？

大切なご質問かと思います。

二〇一一年九月二日、内閣総辞職を受けて、私も内閣官房参与の職を辞しました。

官邸の部屋を片付け、お世話になった職員の方々に挨拶をし、官邸前の広い駐車場に向かうと、晴れた空が広がっていました。

ふと、何か月か前の夜、この駐車場から夜空を見上げて思ったことが、心に蘇《よみがえ》りました。

「自分は、映画を観ているのではないのだな・・」

首都圏三千万人の避難という最悪の事態さえ考えざるを得ない、その現実の重さを受け止めかねた瞬間でした。

そして、同時に、あの夜の駐車場で抱いた、もう一つの思いが蘇ってきました。

「原子力エネルギーとは、ひとたび暴れ始めたとき、これほどまでに手がつけられない危険なものであったか・・」

あのとき、原子力工学の一人の専門家として、そして原子力を推進してきた一人の人間として、骨身に染みる思いで、そう考えたことを思い出します。

だから、九月二日に官邸を辞するとき、心に浮かんだ思いは、一つでした。

「我々は、運が良かった」

実際、それが真実なのです。たしかに、原発事故という「最悪の事故」は起こった。しかし、幸運なことに、それが「最悪の最悪の事態」にまで行き着くことなく、収束に向かうことができた。

もとより、その陰には、事故現場で、犠牲的精神で事故対策に取り組まれた方々の献身的な努力があった。そのことには、改めて、深い敬意とともに、心からの感謝を申し上げたいと思います。

ただ、やはり、我々は、運が良かった。

あの後、水素爆発も起こらず、再臨界も起こらず、ふたたび地震や津波に襲われることなく、原子炉と燃料プールの構造も崩壊することなく、事態は、収束に向かうことができた。

その幸運を、我々日本人は、誰もが、知るべきでしょう。

そして、特に、この国の進路に責任を持つ、政界、財界、官界のリーダーの方々は、この現実の重さを理解されるべきでしょう。


では、この事故が収束に向かったいま、我々は、何を為すべきか。

それは、明らかです。


原子力行政と原子力産業の徹底的な改革。

原子力政策とエネルギー政策の抜本的な転換。


その二つのことを抜きにして、国民は、原子力事故への対策を始めとして、政府の原子力行政、原子力政策を信頼することはないでしょう。

しかし、いま、この国の進路に責任を持つ、政界、財界、官界のリーダーの方々の中には、残念ながら「根拠の無い楽観的空気」があります。

「原発事故は、たしかに不幸な事故だったが、技術的に対策を強化すれば、もう同じことは起こらないだろう」

「原発事故は、冷温停止状態を達成し、汚染水の処理も進んでいる。また、環境中に広がった放射能も、除染作業を鋭意進めている。だから、住民や国民にも安心してもらえるだろう」

こうした感覚を持たれている方々に申し上げたい。


現実は、それほど易しい状況ではない。


なぜなら、「真の危機」は、これから始まるからです。

三月一一日の原発事故は、原子力発電や核燃料サイクルという技術体系が宿命的に背負っている諸問題を、次々と、我々に突き付けてきます。

だから、このインタビューにおいて、私は、こう申し上げたのです。

我々は、「原子力のパンドラの箱」を開けてしまった。


そして、この箱からは、原子力の様々な問題が、連鎖的に浮上してきます。

それは、実は、原子力の専門家ならば、昔から誰もが分かっていた諸問題。

それを、当面、我々は、見ないようにしてきた。難しい問題を、先送りしてきた。

それが、もはや、先送りできない状況になってしまったのです。

そうであるならば、政府は、国民から問われる前に、これらの諸問題について、先んじて、その解決の方向を指し示すべきでしょう。


では、その諸問題とは、何か。

そのことを、このインタビューにおいて、私は「七つの問題」として語りました。


この未曾有の原発事故において、私が官邸で見た「現実」とは、その開いてしまった「パンドラの箱」だったのかと思います。

そして、それを見たからこそ、私は官邸において、原発事故への対策だけでなく、原子力行政の改革、原子力政策の転換に取り組むことを、心に定めたのでしょう。

しかし、あの九月二日、晴れた空の下、官邸の駐車場で、開いてしまった「パンドラの箱」に思いを馳せたとき、ふと、この「パンドラの箱」の物語の、最後の場面を思い出しました。

「パンドラの箱」が開き、様々な悪《あ》しきこと、不幸なことが現れてくる。しかし、その最後に、箱に残ったものが、ある。

それは「希望」。

おそらく、この「原子力のパンドラの箱」にも、最後に、その「希望」が残っているのでしょう。

しかし、その「希望」とは、ただ、「未来への素朴な楽観」ではない。
我々が、もし本当に「未来への希望」を抱きたいと願うならば、その前に、我々が、やるべきことがある。

「過去への深い反省」

そのことを行ったとき、そこに「希望」が生まれてくるのでしょう。

その「希望」を求め、このインタビューをお受けしました。

謝辞

最初に、光文社の三宅貴久さんと、福井信彦さんに感謝します。
お二人との有り難いご縁が、この書を世に出しました。

また、仕事のパートナー、藤沢久美さんに、感謝します。
週末返上で、日夜、事故対策に取り組む日々を、心で支えて頂きました。
また、官邸で開催した「オープン懇談会」の成功は、
藤沢さんの存在を抜きに、語ることはできません。

そして、大切な家族、須美子、誓野、友に、感謝します。
原発事故と格闘した、五か月と五日、
家族の献身的な支えが無ければ、
この務めを全うすることは、できませんでした。

最後に、すでに他界した父母に、本書を捧げます。

還暦を迎えた年に取り組むことになった
国難と呼ぶべき災害。
それは、一人の人間として、
さらに成長させて頂く機会でもありました。

命尽きるまで、成長の道を歩む。

お二人の残された、その言葉が、
心に響きます。

二〇一一年一二月一九日

田坂広志

『忘れられた叡智』（PHP 研究所）
『未来の見える階段』（サンマーク出版）
『未来を予見する「５つの法則」』（光文社）
『こころのマネジメント』（東洋経済新報社）

仕事と人生を語る
『未来を拓く君たちへ』（単行本：くもん出版／文庫本：PHP 研究所）
『いかに生きるか - 震災後の新たな日本を拓く７つの言葉』
（ソフトバンク クリエイティブ）
『仕事の思想』（単行本／文庫本：PHP 研究所）
『なぜ、働くのか』（単行本／文庫本：PHP 研究所）
『仕事の報酬とは何か』（単行本／文庫本：PHP 研究所）
『人生の成功とは何か』（PHP 研究所）
『これから働き方はどう変わるのか』（ダイヤモンド社）
『なぜ、時間を生かせないのか』（PHP 研究所）
『成長し続けるための 77 の言葉』（PHP 研究所）
『知的プロフェッショナルへの戦略』（講談社）
『プロフェッショナル進化論』（PHP 研究所）

社会と市場を語る
『目に見えない資本主義』（東洋経済新報社）
『これから何が起こるのか』（PHP 研究所）
『これから知識社会で何が起こるのか』（東洋経済新報社）
『これから日本市場で何が起こるのか』（東洋経済新報社）
『これから市場戦略はどう変わるのか』（ダイヤモンド社）
『まず、戦略思考を変えよ』（ダイヤモンド社）

企業と経営を語る
『複雑系の経営』（東洋経済新報社）
『暗黙知の経営』（徳間書店）
『なぜ、我々はマネジメントの道を歩むのか』（PHP 研究所）
『なぜマネジメントが壁に突き当たるのか』（東洋経済新報社）
『経営者が語るべき「言霊」とは何か』（東洋経済新報社）
『意思決定　12 の心得』（単行本：生産性出版／文庫本：PHP 研究所）

田坂広志（たさか ひろし）

著者略歴

1951年生まれ。

1974年　東京大学工学部卒業。

1981年　東京大学大学院修了。工学博士。同年、民間企業入社。

1987年　米国シンクタンク・バテル記念研究所・客員研究員。
同時に、米国パシフィックノースウェスト国立研究所・客員研究員。

1990年　日本総合研究所の設立に参画。取締役・創発戦略センター所長等を歴任。現在 日本総合研究所フェロー。

2000年　多摩大学大学院教授に就任。社会起業家論を開講。

同　年　21世紀の社会システムのパラダイム転換をめざす、グローバル・ネットワーク・シンクタンク、ソフィアバンクを設立。代表に就任。

2003年　社会起業家フォーラムを設立。代表に就任。

2008年　ダボス会議を主催する世界経済フォーラムのGlobal Agenda Councilのメンバーに就任。

2010年　ダライ・ラマ法王、ムハマド・ユヌス、デスモンド・ツツ大司教、ミハイル・ゴルバチェフら4人のノーベル平和賞受賞者が名誉会員を務める世界賢人会議ブダペスト・クラブの日本代表に就任。
現在、海外でも旺盛な出版と講演の活動を行い、Philosopher and Poetとしての独自のスタイルで、国際的な活動を展開している。著書は60冊余。

著書紹介

思想と哲学を語る

『深き思索　静かな気づき』（PHP研究所）

『自分であり続けるために』（PHP研究所）

『生命論パラダイムの時代』（ダイヤモンド社）

『まず、世界観を変えよ』（英治出版）

『複雑系の知』（講談社）

『ガイアの思想』（生産性出版）

著者の日本記者クラブでの講演

福島原発事故が開けた『パンドラの箱』
―野田政権が答えるべき『国民の七つの疑問』―

この講演の動画は、下記でご覧ください。
http://www.youtube.com/user/jnpc#p/u/0/bMRD3p2nuuI

自然エネルギーに関する
「総理・有識者オープン懇談会」

この懇談会の動画は、下記でご覧ください。
http://nettv.gov-online.go.jp/prg/prg4972.html

著者へのメッセージは、下記のアドレスにお送りください。
studio@hiroshitasaka.jp

田坂広志（たさかひろし）
1951年生まれ。'74年東京大学工学部原子力工学科卒業、同大医学部放射線健康管理学教室研究生。'81年東京大学大学院工学系研究科原子力工学専門課程修了。工学博士（核燃料サイクルの環境安全研究）。同年民間企業入社。原子力事業部にて、青森県六ヶ所村核燃料サイクル施設安全審査プロジェクトに参画。米国パシフィックノースウェスト国立研究所にて、高レベル放射性廃棄物最終処分プロジェクトに参画。原子力委員会専門部会委員も務める。2011年3月29日〜9月2日、内閣官房参与として原発事故への対策、原子力行政の改革、原子力政策の転換に取り組む。多摩大学大学院教授。シンクタンク・ソフィアバンク代表。著書60冊余。

官邸《かんてい》から見《み》た原発事故《げんぱつじこ》の真実《しんじつ》　これから始《はじ》まる真《しん》の危機《きき》

2012年1月20日初版1刷発行
2012年2月10日　2刷発行

著　者 ── 田坂広志
発行者 ── 丸山弘順
装　幀 ── アラン・チャン
印刷所 ── 堀内印刷
製本所 ── 関川製本
発行所 ── 株式会社光文社
東京都文京区音羽1-16-6（〒112-8011）
http://www.kobunsha.com/
電　話 ── 編集部03(5395)8289　書籍販売部03(5395)8113
業務部03(5395)8125
メール ── sinsyo@kobunsha.com

 ISBN 978-4-334-03661-4

558
官邸から見た原発事故の真実
これから始まる真の危機
田坂広志

事故直後の3月29日から5か月と5日間、内閣官房参与を務めた原子力工学の専門家が、緊急事態において直面した現実と、極限状況で求められた判断とは？　緊急出版！

978-4-334-03661-4

559
円高の正体
安達誠司

日本の景気を悪くしている2つの現象「円高」と「デフレ」。なぜ、この流れは止められないのか？　ニュースや専門家の解説では見えにくい経済現象の仕組みを一冊でスッキリ解説。

978-4-334-03662-1

560
ＩＦＲＳの会計
「国際会計基準」の潮流を読む
深見浩一郎

会計の形が大きく変わる——。現在、会計のボーダーレス化が世界で進んでいる。企業会計の問題とは？「基準を制する者が世界を制する」。ＥＵ・アメリカの思惑と日本の選択肢。

978-4-334-03663-8

561
アホ大学のバカ学生
グローバル人材と就活迷子のあいだ
石渡嶺司　山内太地

ツイッターでカンニング自慢をしてしまう学生から、グローバル人材問題まで、日本の大学・大学生・就活の最新事情を掘り下げる。廃校・募集停止時代の大学「阿鼻叫喚」事情。

978-4-334-03664-5

562
子どもが育つ玄米和食
高取保育園のいのちの食育
西福江　高取保育園

「子どもはお子様ランチに象徴されるような味の濃い食べ物が好き」。そんな固定観念を覆し、大人が驚くほどの本物志向を教え続ける高取保育園。その食理念と実践法を紹介する。

978-4-334-03665-2